自我对话的力量

The Power of Talking Out Loud to Yourself

[美] 比尔·韦恩(Bill Wayne) 著
赵良峰 译 赖伟雄 审译

中国社会科学出版社

图书在版编目(CIP)数据

自我对话的力量 ／ （美）比尔·韦恩著；赵良峰译、赖伟雄审译．—北京：中国社会科学出版社，2012.1
书名原文：The Power Of Talking Out Loud To Yourself
ISBN 978-7-5161-0360-9

Ⅰ.①自… Ⅱ.①比…②赵…③赖… Ⅲ.①成功学②成功心理 Ⅳ.①B848.4

中国版本图书馆 CIP 数据核字(2011)第 259065 号

The Power of Talking Out Loud to Yourself
Copyright © 2004 by Bill Wayne
All rights reserved.

版权贸易合同登记号　图字:01-2011-1002

责任编辑　路卫军
责任校对　李小冰
封面设计　久品轩
技术编辑　王　超

出版发行　中国社会科学出版社
社　　址　北京鼓楼西大街甲 158 号　　邮　编　100720
电　　话　010-84029450(邮购)　　传　真　010-84017153
网　　址　http://www.csspw.cn
经　　销　新华书店
印刷装订　三河市君旺印装厂
版　　次　2012 年 1 月第 1 版　　印　次　2012 年 1 月第 1 次印刷
开　　本　880×1230　1/32
印　　张　5.25
字　　数　100 千字
定　　价　26.00 元

凡购买中国社会科学出版社图书,如有质量问题请与发行部联系调换
版权所有　侵权必究

目录

简 介	与未来握手	1
第1章	大声自我对话与自我沟通	7
第2章	重整自己	21
第3章	胆子比较小？	36
第4章	嘿……我有一笔好买卖给你	44
第5章	戒除坏习惯，培养好习惯	56
第6章	如果生活给你一个柠檬，就把它榨成柠檬汁吧！	71
第7章	信心十足地说话	83
第8章	演讲是一条有双向车道的大街	94
第9章	你不能推动绳子，但可以拉动湿面条！	103
第10章	静下心，倾听彼此	109
第11章	说出自己的怒气	120

第12章	温暖的赞扬	126
第13章	妈妈，看啊，我都不用手！	131
第14章	手上有太多时间？	136
第15章	不要沉迷于"要是当初如何"的迷梦	142
第16章	听到不同的鼓声了吗？	147
第17章	勇攀巅峰	152
第18章	何时停止说话	160

简 介

与未来握手

如果我们在空中建造楼阁,你的努力一定不会白费。

楼阁就应该在空中。现在,让我们在它下面建好基础吧。

——亨利·大卫·梭罗(著名诗人)

我们如何才能到达自己想去的地方呢?每个人都希望过得更好、过得更幸福,希望自己更富有。但是为什么只有少数人实现了这个梦想呢?

每个人都想更好地克服困难、更好地达成目标。毕竟,生活就是不断进行抉择、应对挑战的过程。

我们所有人都会犯错误。我们能做的,就是从中吸取教训,放弃不再适合我们的、已成为负担、过时的生活方式,迈向全新生活。

我们都希望清除人生路上的羁绊,以便更容易地达成目标、更快地实现梦想。但是,一些人却无法克服这些羁绊和坎坷,在错误、难题和优柔寡断中停滞不前,陷入不幸和挫折的泥潭中不能自拔。他们的朋友和家人也经常会遇到相同的困境,无法帮助他们。

有些人在人生旅途中漫无目标,无法达成任何差强人意的目标。即使达成了,这些目标也总与他们梦想的成功和幸福有一定差距。有些人则学会如何确定梦想、设定目标,在持之以恒的努力中不断克服困难。他们成功地摆脱了他人无法摆脱的困境,过上自己憧憬的生活。

各位朋友,所有人都能取得更大成功。而本书可以成为加速这一过程的工具书。本书介绍的方法行之有效。多年来,我一直使用这种方法,并将继续使用下去。在迈向更大成功和幸福、获得更多满足感的旅途中,我把这些简单而基本的方法作为"日常工具箱"的内容。你们也能像我一样,不断达到生活新境界。

不管你在人生旅途中处于什么阶段,本书都可以推动你对剩下的人生旅程进行探索。不管你现在是19岁还是99岁,只要你想成为你能成为的最好的人、取得你能取得的最大成就,本书能帮助你快速开始或者继续接下来的旅程。

我们都听过这一格言:今天是你余生的第一天。对我们的未来而言,今天都是起点。无论昨天是否有成果,今天都有着取得新成就和获得新成功的崭新机会。昨天已成历史，无法改变。明天尚未到来，不会对任何人做出保证。只有今天可供我们塑造。只有塑造今天，我们才能将明天改造成为我们期望的样子。

但是，美好明天的到来，靠的不是祈祷和无所作为。今天，我们必须采取决定性的行动；每天都必须打破那些阻碍我们过上自己所期望生活的障碍。

本书的目的，就是帮助你取得突破。为了更有效地达成这一目标，我们要采用一种新颖而积极的自我对话，即"现实期望基础上的自我沟通"。本书简称为"自我沟通"，即大声地自我对话。

在一开始，需要理解的是，现实期望是建立在信念基础上的。如果我们想要戒除坏习惯，或者打算养成好习惯，或者完成某项任务，但我们却认为它不是切实可行的，我们就需要改变信念。在开始向着从未达成的目标进发之前，我们只有对它产生信念，才能对它产生清醒的认识。

例如，当肯尼迪总统决定把人送上月球时，这是"不切实际的"。1961年5月25日，肯尼迪在国会演讲时说："我们要飞向太空……我认为，我国应该倾全国之力实现这一目标，在80年代之前将宇航员送上月球，并能使他安全返回地球。"

肯尼迪发表这一激动人心的演讲时，世界上没有可以实现月球登陆的火箭或太空飞船。但他的演讲所表达的领导力却使人们坚信，把宇航员送上月球是切实可行的。这种信念的改变，在所有人身上都可以发生。所以，开始树立信念，相信自己能完成预期目标吧。即使这一目标开始时看似不现实，其实它是可行的！如何达成目标呢？

《自我对话的力量》可以告诉你如何采取措施改变对事物的看法，把认为事物不切实际的想法转变为切实可行的想法，使你在沿着自己预定的方向前进的同时，提高生活水平。你还会了解到，自我沟通既简单又有趣。没有高深的理论，任何人都可以做到。你所需要的是自我相信、持之以恒和自律精神，去做一些自我沟通的事情。如果很难做到自律，我们甚至有着一些自我沟通的方法，帮助你们培养自律精神。

第一章第一节详细介绍了一些强有力的自我沟通方式，以及如何实施这些方法。第二节和第三节更深入地介绍了如何完成和为什么你能做到你预设的思维去做的事情，通过自我沟通，实现突破，取得成功。其他章节介绍了各种不同的自我沟通情形和对话；它们在我们的生活中随时都可以遇到。

我们可以大声地对自己说一些肯定的话语，并把它们录下来，然后加上激励性的背景音乐。这样，我们想听自己宣布要改变什么，或创造什么时，只要按下"播放"键就可以了。我们可以用袖珍录音机，戴上耳机，以免打扰别人。我们可以在上下班路上听，也可以在洗手间听，或者在其他私人场所听。

本书有的地方幽默、有的地方则严谨。所以，你跟着我的思路往下走的时候，既要有幽默感，又要保持开放的大脑。这就是你今天可以使用的方法。不管你现在生活方式如何，这些方法在你的生活中都可以发挥作用。你可以根据自身的具体情况，选择采用适合自己的方法，不必照单全收。某种方法对某些人可能不适用，对其他人却十分合适。

本书是关于采用说出来的语言，把它作为一种强有力的工具，激励你去达成你渴望的目标。自我沟通可以帮助你提升生活的方方面面，甚至超乎你最疯狂的想象。在后面章节中，你可以学会在各种日常生活情形中进行自我沟通：从争吵中和解，买车时谈个好价钱，甚至开始和经营你自己的生意。

我们对成功、幸福和对达成目标都有各自的想法；当然我们对目标的追求，应该建立在帮助他人的基础上，而不是损害他人的利益。虽然，没有任何人的梦想比其他人的梦想更重要，但世界会为那些知道自己前进方向的人让开道路。

本书介绍一种创造性的自我对话方法。这种方法可以帮助你在生活中创造改变，以便你们可以前进。利用《自我对话的力量》，加上意愿度、期望、决心、恒心，你就可以为自己的梦想打下坚实的基础。

比尔·韦恩

在不思进取的人看来，追求梦想的人都是一些疯子。

但是你不要在乎它。这是他们的看法，不是你的。

这是你自己的生活，你有权尽全力去追求你的梦想。现在，就让我们开始吧。

——比尔·韦恩

第1章

大声自我对话与自我沟通

> 我没有了昨天；它已被时间夺走。
> 明天也许不属于我。但是我有着今天。
>
> ——珀尔·麦金尼斯（歌唱家、教师）

第一节
和自己对话

你们是否意识到，每一个人都掌握着运用对话来达成目标的巨大力量，只是你没有意识到而已。

你们将学会大声对自己说某些词语。没错，你要大声对自己说话。当然，这是独处的时候做的事情。如果因为生理问题不能说话，你就打手语，用手语和自己对话。如果你不能说话,也不会手语,那就用写字来与自己对话。如果你既不能说话,又不会打手语,也不会写字,那就在大脑中与自己对话。车到山前必有路。任何人都可以使用本书。没有任何借口!如果你真的想帮助自己,你当然可以做得到。自我沟通是按照人们大声对自己说话来设计的。我就是这么做和传授的。

为什么呢?因为话语有着难以置信的力量,可以影响思维、行为以及我们获得的最终结果。回忆一下上学的时候,为了能够在课堂上背诵莎士比亚的诗歌和作品,我们是如何努力学习的。是不是通过大声朗读而学习的?

我最喜欢和自己对话的地方之一是浴室、独自驾车、或自己独处的任何地方。如果有人在场,而我又需要跟自己说话,怎么办呢?我或者断断续续地小声说话,或在大脑中与自己对话。否则,别人会认为我不正常。当然我不会做出任何证明他们猜对的事情。

在不思进取的人看来,追求梦想的人都是一些疯子。但是你不要在乎它。这是他们的看法,不是你的。这是你的生活,你有权尽最大努力追求你的梦想。现在,就让我们开始吧。

你要学会与自己说话,去突破障碍、达成目标、改善生活、得到更大的幸福和成功。与自己说话,甚至能帮助你梦想成真。在接下来的内容里,"自我沟通"和"与自己对话"是互通互换的。

假设你有着某种期望或目标。比如:你想改善与配偶或老板的关系,或者想克服某种恐惧或改掉某种不良习惯,你可以使用自我沟通，帮助自己成功。通过自我沟通，可以释放自我对话的惊人力量，让自己更快实现目标。

现在，我们就开始享受这种乐趣吧。各位朋友，这是一种真正的乐趣！

第二节
吼叫的嘴巴
自我沟通是怎么回事

我们或许听说过、或者说过像这样的话……

"我激发自己为面试做好准备。"

"我知道这是一项艰巨的任务，所以我得激发自己一下。"

"我已经激发自己，为这个演讲而做好准备。"

"我已经激发自己，准备好去梦想。"

在这里，"激发"是什么意思呢？这里的意思是，我们在大脑中和自己就某件自己关心或感兴趣的事情进行了一番对话，我们对这些事情兴奋起来了。

你也许对一些事情、情况或挑战很担心，所以你告诉自己要自信、不要害怕、要坚强、准备充分、保持警惕等。你是教练，正在让队伍为大赛做好准备。但是在这种情况下，你既是教练，又是队伍本身。你在和自己谈话，鼓舞自己的士气，让自己动起来。

奇妙的是，这真的管用——前提是你要使用它。为什么？

究竟是怎么回事？它有什么魔力？它是自我蒙蔽吗？它是偶然吗？都不是，它是完全不同的事情。它如此简单、如此自然，以至于我们想都没想。

假如我们稍微想一下，肯定会说："哇！我竟然有着这样的力量。我想学会如何有效地使用它，让我的生活变得更好。我想永远都做胜利者。"

你也许在做一个生意，想提高自己的技能，以便自己更成功。你也许希望更有效地与他人交往，改善人际关系。你也许希望在各方面改善自己的行为，提高自信心，改变态度，改善记忆力，或其他方面。

你也许想买一辆新车，希望买到的车物美价廉。你也许是主管、经理或其他领导，希望自己工作更有效。你也许是雇员，希望自己和老板的关系更融洽。你也许为人父母，希望自己与配偶和孩子更好地交流，或者希望他们与自己更好交流。我们总是希望在正确的时候、出现在正确的地方。另外，谁不想在经济上更宽裕呢？

你的嘴巴是一个美妙的工具，你可以用一个不寻常的、有力量的方式，给自己的生活带来令人惊奇的变化。你可以用独特的方式，采用自我沟通，让嘴巴成为"吼叫的嘴巴"，以便我们能给自己的思维设定成功的程序。下面的例子可以说明，语言会对潜意识产生非常有效的影响：

多年以前，在完成美国空军的基本培训之后，我在雷达学校继续学习。整个学期一共 200 天，每周 5 天，每天 8 小时。

每天教官都要点两次名——早上上课前点一次，下午上课前点一次。每周都有不同的教官给我们上课。第一天上课时，教官开始点名。他按照字母顺序，大声喊出学员的姓氏，学员必须答"到！"

"艾伯茨！"——"到！"

"博斯蒂克！"——"到！"

教官按顺序点名。我知道，教官最后才会点我的姓，"韦恩"，因为字母 W 靠得很后。

"盖杰！"——"到！"

"海恩！"

没人答到。

"海恩！"教官又点了一次。

还是没人答到。

人们四围看，纳闷到底谁是海恩。

"海恩没来。"中士嘀咕着，然后接着点名，最后也没有点到我。

我举起手说："中士，你没有点到我的名字：韦恩。"

中士马上意识到，我就是花名册上没有答到的"海恩"。

"印刷错误，"中士回答道，"我会把它改过来。"

不过第二天还是出现了相同的情况，我在花名册上的名字还是海恩。教官保证把它改过来。

但是每天都毫不例外，我总是被叫成海恩。我也总是机械地答道："到！我的名字是韦恩，不是海恩。"

最后这变成了一个老笑料。我的战友们也开始叫我海恩了。

第 196 天,我们换了一位新教官。这位教官刚接受完教官培训。不过花名册还是错的,我又经历了一次"不是海恩,是韦恩"的情景。新教官还是保证把花名册改正过来。第二天,在我毫无察觉的情况下,他终于把名字给改对了。

第 197 天,名字是这样点的:

"沃尔克!"——"到!"

"韦恩!"

"不是韦恩,是海恩!"我不假思索地机械回答道。

课堂上爆发出一阵哄笑。我潜意识里已经接受了"海恩"这一名字,并做出了相应的反应。我的话本意并不是取闹,那只是条件反射而已。

人具有的最显著和最个性化的标志是名字。但是,在课堂上,经过上百次的重复,我自然而然地形成了条件反射,默认了另一个名字——海恩。这看起来似乎不可思议,但是我真的把自己看成了海恩!

出现这种情况真是让人惊奇。毫无疑问,用的不好的话,话语能造成很严重的破坏。但另一方面,用得好的话,话语也能带来巨大的好处。

如果你按照本书推荐的方法,开始跟自己对话,你的生活方方面面都会更丰富多彩。

第三节
希望明智对话吗？
潜意识的自我沟通

过去，人们曾经认为大声自我对话的人，"脑子都有点问题"。我们可能都见过有人做出这样的举动，然后讽刺那个自我对话的人脑子失常，说他们"脑子不够用"，"智力有问题"，"他的脑子进水了"等类似的话。（顺便说一下，我可不建议你这么做。）

如今情况不同了。了解个人发展和成功的人认为，有目的的大声自我对话，是非常睿智的。现在，很多人是在大脑中默默地进行有益的自我对话，但是它远远不如大声地自我对话那么有效。

它很简单。当你真心想在生活中做出建设性的改变，以积极的方式大声地向自己说话，并采取适当的行动。这样做了之后，你就会发现，成功会自己找上门来。

我们所有人都会和自己说话的，不管是大声说还是默默地说。所以，为什么不对自己说些可以帮助自己在生活中取胜的话呢？你会发现，自我沟通是一种强有力的激励机制，为你提供强有力的支持，无论你想要什么。正如你即将看到的那样，这样做是很有必要的。

我们所有人都有这样或那样的需求或愿望，它们随着我们年龄的增长而不断变化。但是有些人，那些我们中间较为成功的人士，用梦想、目标等更好地定义了它们。有些目标比较遥远，比如致富。有些目标比较普通，比如找一份稳定的工作。在这两种目标之间，有着无数的目标、梦想和需求。

我们所有人都具有能让我们所期望的一切成为现实的能力！我们只需要学习如何更好地利用我们已经具备的资源和力量。成功人士能激活和利用这些资源，不管是有意识的还是潜意识的。这是他们取得成功的原因之一。你也可以有意识地激活你的潜意识力量，利用自己的内在力量，获得成功。

为什么自我沟通会有效？

要回答这一问题，让我们简单讨论一下思想的自我对话和潜意识的运作原理。注意观察自己的思维，你就可以发现，你其实无时无刻都在自我对话。这种思想上的自我对话，通常是为了处理日常的繁琐小事，比如平衡预算（这对有些人来说可能不是小事），思索如何与他人谈论某些敏感话题，或思考解决工作上或生意问题的最好办法。

有时，在准备面试、演讲时，我们会在大脑中和自己说些鼓舞士气的话。稍微不太常见、但更为重要的情形是，当我们遇到一些重要困难时，我们会默默地和自己辩论。这些情形包括挽救婚姻、应付健康危机，或处理孩子吸毒或酗酒的问题。

如果你集中注意力的能力较为出色，思维也异常缜密，你可以通过自我对话而取得良好结果。把它和你想象自己所想要的结果结合起来，它就能产生非常好的效果。思维自我对话的一个常见挑战是，很多人不知道如何能真正集中注意力，缺乏自律，或者他们根本没有梦想让他们去专注。缺乏这些方面之一，会导致你获得的效果不尽如人意。如果三个方面都缺乏，就根本无法获得积极效果。

思维自我对话为什么会有效呢？我们每一个人生来就有潜意识。它是我们大脑中言听计从的仆人，接受我们告诉它的任何事情。不多，也不少。它不会思考也不会推理，我们如何编程，它就如何推动我们。

如果你允许，别人就可以影响你的潜意识。如果有人说："你真傻"，而你相信这句话是对的，你的潜意识就会把它当作事实。潜意识会进而改变你的行为，然后你就真的犯傻了。但是，如果你的态度是，"那是你认为的，但我知道，我可不傻"，那么你的潜意识就不会让你犯傻。

想象一下，当父母或其他人不断给孩子灌输负面信息，会对他们造成多大的伤害啊："你真傻"，"你从来都没做过什么好事"，"你样子那么难看，别指望男孩子会看你一眼"。

你有能力利用大脑的自然思维过程，去掌控潜意识。你可以通过不断用清楚、切实的信息，来给你的潜意识编程，从而达成任何你希望达成的愿望。

你的潜意识为什么会认真对待你？

一两次一闪而过的想法，很难对潜意识产生影响。只是灵光一闪想一下"我要成为百万富翁"，根本不会让你的收入产生任何变化。你的潜意识需要被"打动"。它需要被教育。你需要有效地让它知道，你想要什么。要做到这一点，只能通过重复、持之以恒、感情，以及清晰、高度集中的注意力。

重复的意义不言自明。你需要通过自我对话，不断向潜意识说明自己的愿望，直到你达成目标为止。

持之以恒是很多人都会忽视的因素。例如，你说你想通过建立自己的生意或者事业，来改善生活，并花了数个星期进行自我沟通。遗憾的是，你却允许别人践踏自己的梦想，被困于一个收入勉强过得去的工作，即使你并不喜欢这份工作，而这样度过余生。不久后，你开始厌恶这一工作，你决定去销售人寿保险。然而，再过一段时间，你又改变了主意。如此往复，不断恶性循环。

所有这些优柔寡断，会给潜意识各种不同的指令，让它更加混淆。你给潜意识的指令不明确，缺乏持续性，所以，它只好做一件事情，那就是，什么都不做。如果你不断这样变来变去地自我沟通，潜意识根本无法确定我们究竟想要什么。其结果就是，潜意识不再认真对待你。即使你真的做出了一个决定，潜意识很可能还是会忽视你。这就是典型的"狼来了"

综合征。

你如何才能有效地进行自我沟通呢？在开始大声与自己说话之前，你首先需要思考，即进行思维的自我对话。这通常会引发出一幅你渴望的画面。这个时候，感谢自我沟通，你可以更进一步，把自己想到的话说出来。它们通过耳朵进入你的大脑，你的思想得到进一步加强。这相当于"买一送一"，事半功倍。

清晰、高度集中的注意力，对潜意识的编程很重要。大声自我对话有助于创造高度集中的注意力。我们都知道，大脑是很容易走神的。当你思考的时候，它会漫无目的地"闲逛"。当我们没有特别专注于某件事情时，大脑都会这样做。但是如果我们集中精神，大声地说一些特别的事情时，大脑就很难溜号了。为了让你说有针对性的话，你的大脑必须集中注意力。自我沟通能帮助你实现这一点。相比思维的自我对话，大声自我对话能使我们更有效地去到潜意识。

25年前的一天，我看到小女儿坐在客厅里。那时她在上高中。她在读一本书。但是每隔几分钟，她就会抬头往上看一会儿。这样来来回回持续了15分钟左右。我很好奇，问她在做什么。

"我想背诵这首愚蠢的诗歌，明天我得在课堂上背诵。"她气呼呼地回答。

"你打算在课堂上默读它吗？"我问。

"当然不是啊。"

"如果你要大声背诵出来,那现在为什么不大声朗读背诵它呢?"我建议说。

她反驳说,如果大声自说自话,人们会认为她疯了。我说只有我和她妈妈在家,她答应去另一个房间,关上门朗诵。我能听到她在里面朗诵诗歌的声音。一会儿,她走出房间,欣喜地说:"我能背了!"

因为这件事,本书的某些种子埋在了我的大脑里。在后来数年中,我每天的自我沟通,都取得了成功。

感情因素是另一个极大提高自我沟通效力的因素。你在话语中注入的感情越多,你就越能接近和教育你的潜意识。所以,做一些练习吧;让自己充满感情。大声喊叫;请求;表达愤怒;表达高兴;表达发自内心的真诚。我们可以练习如何恰当地利用各种感情因素。

潜意识对感情言听计从。只要有足够的感情,只需要一次的自我沟通,使潜意识就会认真对待你,促使你立刻改变行为,并取得相应成果。例如,田径选手如果能够高度集中注意力,饱含激情地做好准备,就更可能克服所遇到的困难,赢得胜利。而那些身体虚弱或上年纪的人,就能鼓起勇气,冲进着火的房子中,去拯救人们的生命。强烈的感情确实具有强大的力量,特别是当你能善加利用大声自我对话的技巧时。

人们曾经认为，大声自言自语的人"脑子肯定有点问题"。

如今情况不一样了。那些对个人发展和成功有深切了解的人看来，有目的的大声自我对话，是非常聪明的做法。

——比尔·韦恩

不要责骂自己、训斥自己或打击自己的自尊心，而是要通过认可自己的行为来鼓励自己。

当你想引导自己未来的行为，要用积极的话语去做。

如果你告诉自己不要做某件事情，潜意识是听不到"不"字的，它只会听到这件事情！

大脑不会专注于一个想法的相反。

——比尔·韦恩

第 2 章

重整自己
全情投入这个课程吧

> 直接表现一个人的价值的,不是他拥有什么,也不是他做了什么,而是他的品质如何。
>
> ——亨利·弗里德里克·阿米尔(瑞士哲学家)

我们所有人都会时不时犯错误。我们有时可能做了不恰当的事或者说了不恰当的话,或者有时没有去做或者说恰当的事情。大多数时候,这些错误比较轻微,有时候,错误会非常严重。

不管错误严重与否,你都需要在犯错时、或犯错之后尽快有效地处理它,然后将它们从大脑中清除出去。否则,它们就会堆积起来,扰乱思维。总是抱着那些已经犯下的错误不放,没有丝毫建设性意义,只会使你心情沮丧。接下来我要讲的自我沟通方法一和二，可以用来帮助你处理任何方面的错误。

时不时回忆不恰当的行为，并从中吸取教训，既是可取的，也是明智的。这样做可以帮助你保持诚实，有效避免重复同样的错误。但这和抱着错误不放是有区别的。后者会妨碍成功。

你需要清理那些你说错的话，或者做错的事情，以便清理你的思维。我们犯错误的原因多种多样：注意力不集中、疲惫、行动草率、缺乏周密思考、判断不准确、不良习惯、找借口等。

我们需要给潜意识一个明确而强烈的信号，那就是，我们再也不想这样。我们想消除这种行为。这一过程称为"重整自己"。达到这一目的的最有效方法是利用自我沟通，使用强烈、有力的话语，并在话语中注入足够的情感。

我们可以利用以下三个因素重整自己：

1. 仔细检查错误——大声说出来。
2. 以恰当的方式更正错误行为——大声说出来。
3. 告诉自己要采取什么补救措施——大声说出来。

关于第二条，用积极的话语改正自己的行为，避免使用那些会强化负面影响的话语。使用负面话语只会损害目标的达成。例如，不要说这些话："张三，你真是傻透了！简直就是豆腐脑子！"这种话只会伤害自尊心，侵蚀成功的能力。

你可以这样说,"张三,在这个情形中,你的判断真的不好。你应该比这强啊。你这么聪明,但你太随心所欲了。但你不笨,你是一个胜利者,我希望你像胜利者那样做事情!听到我的话吗?像胜利者那样做事情吧!"

在话语中注入大量感情,以便你真正理解你说话的深层含义。提高嗓音自我对话,开始执行整个计划吧!我们是自己的教练,鼓励自己,提升你的表现,释放自己成功的潜能。你也鼓励自己重整自我,开始执行计划,以便下次做得更好。

你什么时候重整自己呢?在犯错误之后,尽可能地快。根据不同情况,可以在错误后马上进行,可以当天晚些时候,也可以第二天。但一定要在错误还新鲜的时候进行,太多的延迟是有害的,等于告诉潜意识说,自己能容忍错误,给自己一堆借口,而不是更正错误,继续往前走。这样会强化错误行为。

在哪里重整自己呢?毫无疑问,我们需要在独自一人的时候做这项工作。原因显而易见。就我个人来说,我最喜欢三个地方:淋浴的时候,卫生间镜子前,汽车里。

浴室是我最喜欢的地方,因为我独自一人,并且很放松。浴室门关上了,舒适的热水冲在我身上,让我的思路非常清晰。这时,我就会大声而有力地跟自己说话,还不用担心吵到妻子。

镜子前面也是一个非常适合重整自己的地方。事实上,这是自我沟通的绝妙地方,无论什么目的。看到镜子里自己的眼睛,并把自己带到任务当中。实际上还是很有趣的,并能产生令人欣喜的结果。

如果我不想等到回家洗澡或照镜子才自我沟通，我就会在汽车里做这件事。我通常在汽车里解决工作中犯的小错误。例如，我在写一份文件时，犯了一个错误，需要重写；让我非常尴尬。在开车回家的路上，我就会在车里重整自己。这个错误在我脑子里还很新鲜，使我能够非常有效地处理它。

不要责骂自己、训斥自己或打击自己的自尊心，而是要通过认可自己的行为来鼓励自己。当你想引导自己未来的行为，要用积极的话语去做。如果你告诉自己不要做某件事情，潜意识是听不到"不"字的，它只会听到这件事情！大脑不会专注于一个想法的相反。例如，如果人们告诉你，不要去想一头粉红色的大象，你会想什么呢？你会想一头粉红色的大象！不管你如何努力，都不能把这个画面赶出你的大脑。

下面三个情形和相应的方法，说明犯了错误之后，如何进行有效的自我沟通、重整自己：

在第一个情形中，你睡过了头，急急忙忙开车上班，比平时晚了几分钟。你开到一个路口时，绿灯恰好变成了红灯。虽然你有时间停车，你决定还是冲过去，以便弥补损失的时间。另一辆等红灯的车看到绿灯亮起，马上就开车了。你们两辆车在路中央撞了个正着。幸运的是，你们都没有受伤。但是，汽车受损，损失了数千美元，双方也浪费了大量时间。你做出糟糕的判断，犯了一个相当严重的错误。

自我沟通方法一：安全驾驶

当天晚些时候，在一个安静的地方，你鼓励自己。你的话可能像下面这样，尽可能充满感情：

首先，你大声说出自己的检讨——"我今天把事情搞砸了！我因为着急上班，违章驾驶，酿成了车祸。着急赶路，危害自身和他人安全，无论如何都没有借口。我就是睡过了头，就是这样。"

"这次我很走运。没有人受伤，我买的保险会赔偿保险范围内的损失。"

其次是大声说出改正方式——"我的行为是完全不负责的。这不是我想要的，也不是我平常的行为。我当时的大脑不清晰，这样做没有任何借口。没有人让我睡过头。"

"我为自己的行为负全部责任。这次我让自己很失望。我没有权利去威胁任何人的生命安全，但我却做了这样的事情。我的行为完全不可接受。"（这里提高声调）"我的行为完全不可接受。没有任何借口！"

"我给他人造成了不便和财物损失。我完全没有权利这样做！我为自己的行为感到羞耻。我为自己的鲁莽行为真心道歉。"

现在，大声说出今后如何做——"我向自己发誓，从今以后，做事要负责任。我说，做事要永远负责任，永远，无论如何！我天生就是一个为他人着想、负责任的人，但是这次，我判断失误了。我再也不想犯这样的错误了。我决心将来要更为谨慎、更加关心他人、更加负责任，无论我做什么。"

"我发誓，要严格按照优先顺序做事——永远。我的第一优先总是尊重他人的生命和财产安全。危害任何人的利益都是不行的。从现在开始，我做事一定要负责任。"

"我原谅自己的鲁莽行为，并将它放了下来。我决心以后每一天都要做得更好，把不负责任的行为从我生活中清除出去。"

这一情形说明了，在犯了导致严重后果的错误后，如何鼓舞自己。在这个理念基础上，你可以创造适合自己的方法，使用自己感觉舒服的词语。

在照镜子自我沟通时，你可以喊出自己的名字，而不仅仅说"我"。可以这样说："张三，你今天真是搞砸了！"这样使用"第二人称"能有效帮助你取得你想要的结果。这样进行自我沟通，能给潜意识这个言听计从的仆人编程，使它：

第 2 章 重整自己

1. 如实地承认你的行为;
2. 把负面思想从你心中清洗出去;
3. 促使积极想法的产生并强化它,让它成为你未来行为的指导。

至此,我们已经认识到了自己不想要的是什么样的行为,并向潜意识清楚表明了自己未来想要有什么样的行为。

——自我沟通方法一(完)

很多人偶尔都会开玩笑。如果玩笑开得有品位和照顾他人的感受,就会非常有趣和令人舒服。

但是如果玩笑开得没有品位,没有照顾到他人的感受,会怎么样呢?无辜的人可能会感觉尴尬,受到伤害。如果是你的玩笑伤害了别人的感情,你如何处理呢?

在第二个情形中,我会说明这一问题。我会选择一位男士开玩笑,再选择另一位男士作为接受对象。不过无论谁对谁说了什么话,道理都是如此。

一位同事带着一位新同事拜访部门里的其他同事,向他们介绍这位新同事。这位新同事穿着干净整齐,里面穿着白衬衫,打着领带。不过说实话,他的西服比较旧,样式也明显过时了。

当他见到你,你说:"很高兴认识你。欢迎来到本部门。

没人跟你提起过吗？我是本部门的玩笑大王。"

他笑了一下，跟你握握手说："我很高兴成为本部门的一员。很高兴认识你。"

你刻意地上下打量了一下他，说："我希望你的第一个月工资能买一套新西服。"

然后你咧嘴笑了笑，就像刚说了句最滑稽的话。不过其他人都没有笑。新同事满脸通红，表情沉下来。陪同的同事很快把他带走，换了一个话题，尝试缓和气氛。你站在那里，表情凝固了。你意识到自己刚才说的话非常愚蠢。你现在怎么办呢？覆水难收；但你知道自己应该采取补救措施，挽回由于考虑不全面而引起的窘境。

自我沟通方法二——为糟糕的玩笑道歉

首先，你应该尽快去一个独处的地方，大声告诉自己，自己说的话非常愚蠢，你非常内疚，以后再也不犯这种错误了。

其次，说："（说出自己的名字），（再说一遍自己的名字），我为自己粗鲁、欠考虑的话感到内疚。我应该有同情心，意识到你经济上也许比较拮据，这份工作能让你有机会改善处境。我没有权利这么做。我本以为自己的话很好笑，其实不然。我自认为有些事情很幽默。我不是故意粗鲁对待你的。很抱歉，请原谅我。"

第三，你应该去商店，买一张合适的卡片或一份"欢迎"礼物，比如一套不是很昂贵的笔，或者一小盒巧克力。如果可能，这应该在当天完成，比如中午饭的时候。如果当天无法做到，第二天上班前应该做好这件事情。这是绝对要做到的。单单是自我沟通无法让你解脱。在这个例子中，你需要采取建设性的措施，来补偿自我沟通的不足。

　　第四，直接走到新员工面前，为自己不恰当的话道歉。当时买到欢迎卡片或小礼物当然是最好的。否则，就应该先道歉，然后再给礼物或卡片。你冒犯了同事，应该立刻采取弥补措施。

　　第五，当晚，找到时间再进行一次自我沟通，重复本方法的第一步和第二步。在这一步，要再次向新员工道歉，并原谅自己。下决心成长起来，与同事们沟通时，要用尊重和赞美的方式，不要随意开玩笑，避免冒犯他人。再多做两次的自我沟通，然后继续向前走。

——自我沟同方法二（完）

　　第一个和第二个情形表明，仅仅是自我沟通，有时是不够的，尤其是当你对他人的财产或人际关系造成严重伤害时。在第一个情形中，如果你没有买保险，你就需要自己负担赔偿。（当然，你也要向被你撞的司机道歉）。即使有保险，你也许要支付免赔额，或许还要出庭受审，支付罚款和庭审费用。除此之外，你以后买保险的费率还会更高。天哪！

错误可以是非常昂贵的。这也是自我沟通如此有价值的理由。它可以促使你改变你的思维和行为，因此你需要提高意识，消除错误，至少能够大幅度地减少错误的数量并降低其严重性。

在我们结束对第二个情形的讨论之前，这里还有一些事情供你思考。除了面对面的道歉，我还建议，爱开玩笑的人在独自进行自我沟通时，两次道歉。这里有两个原因：第一，这个人需要强化自己的潜意识，以便将来能更为敏感，更关心他人。第二，在对方不在场的情况下，大声和他说话，能强有力地修缮人际关系。这是一种良好的习惯。

在接下来的第三个情形中，你可以看到单独利用自我沟通，能解决由于粗鲁和不友好导致的问题。这个情形就发生在我身上，地点是纽约地铁。那个对我粗鲁、不友善的人，没有使用自我沟通或其他任何形式来弥补。但是我会介绍一下，其实，他们应该使用自我沟通来做什么。

在这一情形中，我是来纽约办事的外地生意人。我的酒店在郊区，但是我要到曼哈顿市区谈生意。地铁是最快、最便宜的城市交通工具，所以我决定乘坐地铁。我上地铁时，车厢里只坐了一半的人。我找了个座位坐下来。但是过了两三站，车厢就挤满了人。所有座位都坐满了，人们站在每个可以站的地方，牢牢地抓着扶手和栏杆。

一个挺着肚子的孕妇，拿着一个包裹，走进了车厢。她抓住扶手，站在离我有半个车厢远的地方。她旁边没有任何人给她让座。作为一个来自礼仪地区的中西部人，我不忍心坐看这个孕妇站在那里。我站起来，望着她的眼睛说："女士，你可以坐在我这里。"

我绝不会忘记接下来发生了什么事情。她看着我，冷笑了一下，用冷冰冰的口气说："你是什么东西，是怪物啊？"然后她转过身去，仍然抓着扶手站在那里。

当时，我还是半站着，准备把座位让给她；一个穿着脏衣服的年轻人走过来，把我挤开，坐在我的座位上，说座位是他的。他那一群同样穿着邋遢的朋友，爆发出一阵哄笑。他们认为这非常有趣。

我爱尔兰的本能是，真想揍这个年轻人一顿。幸运的是，更好的判断控制了我。在这种情形下，谁知道会发生什么呢？我默默地继续坐车，直到目的地，但是对这些年轻人和那个孕妇的粗鲁行为万分愤怒。

自我沟通方法三——为粗鲁行为道歉

我把这件插曲告诉了那个跟我谈生意的公司老总。他是一个地道的城里人，生长在城市的大街小巷里。

"这里的人就是这样的，"他说，"你们中西部人太天真了。"

现在，我不再愤怒了，而是为这些人感到悲哀，他们让自己的态度变得冷漠，毫不敏感。我心里不再怨恨他们。他们亲手为自己创造了这种窘境，我不想再对他们抱有任何报复性的情绪。当时，自我沟通的概念还没有形成。但是即使当时有了自我沟通，那个孕妇和年轻人应该没有使用它的意识和敏感度。

假设这些人使用了自我沟通。他们不知道我住在哪里，也不知道我的名字，所以不会寄给我一封信，为他们的行为道歉。但是，他们能够改正自己的行为。他们可以简单地说："对不起，我做错了。"然后下决心改变自己的行为。如果他们了解本章介绍的自我沟通，就能利用这一方法，让自己的未来有所不同。但是显然他们没有这么做。或许他们在家里或其他地方见过其他人这样做，而他们仅仅是在模仿而已。

——自我沟通方法三（完）

无数人都曾有机会通过努力改变自己糟糕的行为，但是却没有这样做；他们走向颓败，为自己和自己的家人造成了失败和不幸的生活。他们通常会埋怨谁呢？当然是其他人了。

有些人有机会为自己的行为道歉，并这样做了，他们提升了自己的境界，到达成功和幸福的彼岸。他们没有背负着过去痛苦的包袱。

自我沟通能决定一个行为能否为人接受，决定成功与失败，以及真正生活还是仅仅生存。我们在这里真正要讨论的是，利用简单实用的自我沟通，创造积极的能量，消除消极因素。想想看，简单地动动嘴巴，大声自我对话，就可以获得更好的生活。

这个世界给予人们想要的东西有着独到的方式。

如果你被吓倒，只看到失败和穷困，无论你如何努力尝试成功，你都只能收获失败和穷困。

缺乏对自己的信念，缺乏对生活能为你做什么的信念，会断绝世界给予你带来好结果的机会。

期待胜利，你就可以得到胜利。没有任何地方比生意场上更能体现这一点。

在生意场上，勇敢和信念能带来物质和精神的回报。

——普莱斯顿·布拉德利

恐惧会夺走人们的成功，无论他们在追求什么；

它会阻止我们去实现梦想和目标；

但只有我们任由它这样，它才会发挥作用。

——普莱斯顿·布拉德利

第 3 章

胆子比较小？
用自我沟通克服恐惧

> 英雄不比普通人更勇敢；只是勇敢的时间比普通人长五分钟。
>
> ——拉尔夫·沃尔多·爱默生（美国思想家）

一年春天，我和妻子开车在美国南部旅行，整个行程花了73天。有一天，我们到了奥克拉荷马州沃里卡市附近的一处州立露营处，我们把车停下准备过夜。露营处风景非常美丽，就我们两个人在那里。

"奇怪，为什么这里没有人露营呢？"妻子一边问我，一边把收音机调到了当地电台上。

就在这个时候，播音员介绍说："欢迎来到奥克拉荷马州沃里卡市，世界响尾蛇之都。这里每平方英里生活的响尾蛇数量，比世界任何地方都多。"

这让我毛骨悚然。但是我非常累了，无法再开车往前走，而妻子和我一样，都需要休息。但我又不想去外面。幸运的是，我们的房车设备齐全，没有必要去外面。相信我吧，我们确实没有去外面！

即使一英里内没有蛇，我也不想去外面碰运气。播音员的话让我想起了我唯一害怕的动物，蛇。我选择呆在车里，被没来由的恐惧吓得僵住。老实说，我对自己的行为感到羞愧，但还是让恐惧控制了我。

当时，我对自我沟通的利用还仅限于以下几个目的：提高记忆力、成功表述，以及准备面试。我还没有发现，自我沟通在几乎任何情况下都可以发挥巨大作用。我从没想到过，自我沟通可以用来克服对蛇的恐惧。所以我被困住，感觉非常无助。我知道自己的行为不够理智，但恐惧是一种强大的情感，我任由它压制了自己的理智。恐惧会夺走人们的成功，无论他们在追求什么，阻止我们去实现梦想和目标；但只有我们任由它这样，它才会发挥作用。

在接下来的数年中，我逐渐成为自我沟通方面的专家，并将其运用到众多情况中。但是我还没将其用于控制恐惧。我觉得没有必要。在这几年中，我从没有可能遇到蛇的情形。而除了蛇，我不怕其他动物。然后有一天，我们计划花一个星期的时间，去科罗拉多州的落基山脉旅行。

蛇！这个形象一下出现在我的大脑中，恐惧把我压倒了。

落基山脉是各种蛇和野生动物的天堂，但我只想到蛇。即使我与黑熊相遇，也不会感到害怕。当然，我也会担心，但还是会镇定地赶紧撤离，也能控制自己的情绪。但是即使仅仅说到蛇，这种镇定也会烟消云散。我知道我必须改变这种情况。我受够了，决心一次性铲除我对蛇的恐惧感。我立刻想到自我沟通。毕竟，我亲眼见证了自我沟通在各种情形下是如何发挥作用的。我知道，自我沟通法就是解决之道。

自我沟通方法四——克服恐惧

出发去落基山脉露营的前一天晚上，我躺在盛满热水的浴盆中，针对自己对蛇的恐惧，进行了一次严肃的自我沟通。以下就是沟通的内容：

"比尔，你很聪明，也非常理性。你的思维很有逻辑性。为什么一想到蛇，你的思维就这么不符合逻辑呢？"

"我不知道。"

"你被蛇咬过？"

"没有。"

"你知道蛇在大自然平衡中发挥了重要作用，是吧？"

"是的，我知道。"

"你跑得比蛇爬得快，蛇追不上你。你还能杀死它们，你还比它们聪明很多。事实上，蛇不过到处爬爬,吃吃虫子和老鼠而已。它们其实是帮你的忙,控制害虫,是你的好朋友。

"它们还不喜欢有人的地方,尽量避免与我们接触。如果你不喜欢它们,就离它们出没的草地远点吧!"

我这样自我沟通了一会儿,告诉自己下次遇到蛇时,我不会害怕。相反,我会镇定自若,就和遇到其他野生动物没什么区别。我又重复自我沟通了几次,整个自我沟通过程不超过30分钟。

——自我沟通方法四(完)

想不到我们刚扎好营地几小时,我就看到了蛇!当时我正叉开腿站着,欣赏着雄壮的群山、翠绿的松树和营地旁奔流的河水。我往地下一看,就看见一条三英尺长的牛蛇,正从我胯下爬过去,就像它正在穿过凯旋门、向着某处进发那样。

我不害怕。我看到的只是一条蛇,它跟其他野生动物一样,只是想尽力生存下去而已。

附近有一根树枝,有我手指那么粗,三四英尺长。我把它捡起来,对付那条蛇。我小心地把树枝从它肚皮下伸过去,尽量不去惊动和伤害它。然后我轻轻把蛇挑起来,甚至还大声对它说:"我要把你弄到一个更安全的地方,小家伙。如果你呆在这里,很可能会受伤的。"

我走了一百尺,穿过一条土路来到一个山坡上,然后把它轻轻放到草地上。它很快就爬走了。我又大声说："我跟你定个协议。你呆在这里,我呆在营地里。"

我心中的恐惧消失了,自我感觉非常良好。在对付这条蛇的过程中,我表现镇定,处理恰当。我没有伤害蛇,它也没有伤害我。我当时没有丝毫紧张和焦虑,我可以从一个前所未有的全新角度看待蛇。

这次遇到蛇,是发生在我开发自我沟通课程后不久,这次事件检验了自我沟通是否有效。从那时起,我再也没有遇到过蛇,或许以后也不会遇到蛇了。恐惧就是这样,我们一旦直接面对它,就能对付它,克服它。它也就永远消失,再也不会骚扰我们、恐吓我们。

很多人在业余时间里,想发展独立生意,增加收入。他们想和其他志同道合、具有积极想法的人合作,一起发展生意。他们认识的人也许很多,其中有些人可能已经非常成功了。接近医生或其他一些成功人士时,由于害怕被拒绝,他们通常会感觉非常紧张。如果是这样,他们就需要进行一次或多次自我沟通。方法如下:

自我沟通方法五——讲解生意机会

站在浴室镜子前,和自己说:

"你害怕和医生或其他成功人士接触,和他们说说你的机会吗?"

"是的。"

"你是否知道,这些人虽然非常有钱,但是他们的生活中缺乏其他重要的东西?"

"是的。"

"拿医生为例。他跟你说过,他希望早点退休,去到第三世界,为当地人免费治病,是吧?"

"是的。"

"你要跟他谈的事情,能够给他带来他提前退休所需要的时间和金钱,对吗?"

"是的。"

"那么,就给他打个电话吧。最坏的结果是什么?他说他不感兴趣,是吧?"

"是的。"

"你能否接受这种可能性,然后想着'下一个',接着打电话吗?"

"是的,我能。"

"嗯,(说出你的名字),不要再固执了,开始打电话吧,把你的机会和其他会认可的人分享吧。你还在等什么呢?现在就打电话吧。"

——自我沟通方法五(完)

无论我们害怕什么,都可以利用自我沟通,帮助自己去理解和消除自己所害怕的东西。写下你的自我沟通话语。如果有必要,向那些与自己一起工作的领导人或导师寻求帮助。

不是所有恐惧感都会像我对蛇的恐惧那样，快速而简单地消失。有些人的恐惧感，可能需要在一段时间内不断重复自我沟通，才会消失。有些人的恐惧感可能根深蒂固，需要专业人士的帮助才能消除。但是自我沟通可以加快这一过程。

有些人让恐惧禁锢自己，胁持自己。自我沟通可以解救他们，使他们不再受恐惧的困扰。今天就开始使用自我沟通法，直到克服恐惧。现在就做吧！

自我沟通真管用！

它可以帮助我们明确自己要达成什么，和如何达成。

它还能额外给我们达成目标所必需的自信。

——比尔·韦恩

第4章

嘿……我有一笔好买卖给你

计划流产的原因是缺乏目标。

如果一个人不知道自己要驶向哪个港口，那么所有的风向都是错的。

——塞内加（罗马哲学家、悲剧作家）

如果你在考虑买大件东西，这一章就派上用场了。我们假设的情形是买汽车，因为很多人买车时都有过各种奇奇怪怪的经历，尤其当我们准备不足时更是这样。毕竟，销售商占着所有的优势。如果你在缺乏准备的情况下走进车行，你买到物美价廉的汽车的几率，就跟玩老虎机赢钱的几率差不多。

想想看，你大概每四年才买一辆车，或许更长时间。但是销售员的目标是每天都要卖车，无论什么情况。谁在汽车销售方面拥有更多经验呢？你，还是销售员呢？当然是销售员。如果销售员急于完成销售任务，或者不关心你的需要，或者缺乏诚信，那你几乎不可能买到物美价廉的车。

公平地说，最近几年，大多数汽车销售商都规矩了很多，都尝试去保持自己的信誉。但是要记住，他们是在做生意，目的是尽可能地赚钱；而你是他们的潜在来源之一。尽管如此，这依然是一个买家的市场。因此，购买汽车时，我们需要利用一切可以利用的东西。幸运的是，自我沟通可以帮上大忙。

尽管我使用自我沟通在其他用途上很多年了，大概十年前，我还没有把它用在买车上。但是有一天，我突然想到，自我沟通可以用在买车上，或者用在买其他任何大件物品上。在将自我沟通用于买车的想法完善之前，我有两次差点被销售员说服买下汽车。接下来，我就跟你说说这些情形，让你了解一下，自我沟通方法六是如何形成的。

有一年年初，我想到一个好主意：给妻子买辆新车，把她那辆旧车留着备用。她选了一辆自己喜欢的车，然后我们去了离家最近的车行。一个销售员走过来，在纸上很快写下一些数字。我们开始讨价还价。几分钟内，他就降了几次价，最后的价格是首付 1 万美元，每月付 500 美元，共 60 个月。以这样的价格买一辆新的敞篷车、外加所有附件，已经非常不错了。光是这辆车的标签价格就达 4 万美元。我们都没跟销售员讨价还价，他就同意了。这次买车真是太轻松了。

他说："我把这张纸拿给销售助理，填在正式合同上，大概 15 分钟就能填好。"说完他就走了。

然而，我却觉得有什么不对劲。我不知道是什么，但我觉得肯定有一些事情。我觉得那个销售员肯定对我隐瞒了什么。我把自己的想法告诉了妻子。现在回想起来，我知道自己是在进行自我沟通：

"有点不对劲，"我说，"我需要知道什么呢？我要问什么问题？我忽视了什么？销售员有什么没告诉我们？"

我想到要非常认真地把合同看一遍，再签字。妻子也赞同这一点。

销售员咧嘴笑着回来，手里拿着填好的合同。他把合同折起来，只露出签名页。

"在这里签字，几分钟后，你就能把你漂亮的敞篷车开走了。"他边说边用手指敲着签名栏，另一只手递给我一支圆珠笔。

"我要先看一下。"我说。

"没必要，"他说，"上面写的都是我们商量好的。我告诉你上面都写了什么，好节省时间。"

他拿起合同，很快翻到第一页，指着两行字说："看，首付 1 万美元，每月付 500 美元，跟我们说好的一样。"他很快又翻到签名页，"剩下的都是有关责任与义务的标准条款。"

我把笔放到一边，拿过合同说："我还是先看一遍吧。"

他脸上的笑容消失了，嘟嘟囔囔地说，等我看完了他再回来，然后就走了。

第 4 章 嘿……我有一笔好买卖给你

没过几秒钟，我就发现了疑点。他在贷款条款上写的是 72 个月，而不是 60 个月。那样我得多交 9000 美元！难怪他没有在价格上和我们纠缠。他暗地里把合同金额提高了。

他回来之后，我提出了这个问题。他说我们说的是 72 个月。我让他把原来那张纸拿来。他马上告诉我，他已经把它扔了。

"把它从垃圾桶里找出来，费多大劲？"我坚持。我现在更肯定了，72 个月不是粗心大意的错误。

他非常不高兴地皱了一下眉头。"我看看还能不能找到。"

过了五分钟，他还没有回来。我和妻子走出了展厅。他肯定一直在看着我们，因为他马上就追了出来。

"垃圾已经被垃圾车收走了。我没追上。如果你们回来，我肯定我们会商量一个好价格。"

"别侮辱我们的智商了，"我厉声说道，"你撒了谎，企图骗我们。我们绝不再回你们这个店了。"

我们开车走了。我的妻子非常生气，说自己暂时不想买车了。我大脑中埋下了利用自我沟通来买车的想法，但我还没意识到。

将近两年后，我们才又去买车。第一次购车经历浇灌养育了第二次的种子，让它生根发芽。因为年末的原因，新型号都卖完了。我注意到妻子一直在看杂志上的新车广告，就建议她去买一新型号的。

"我知道买什么车，"她说，"我想要一辆凯迪拉克 Seville

STS，它高贵典雅。"

"我们这周六就去看看。"我说。

我们认为，如果付现金的话，就能以较低价格买到好车（确实如此）。因此我们决定付现金；这样还能节省银行利息。（说句题外话，这是积累财富的好方法。但是大多数人自己不去思考，而只是盲目地跟随所谓权威说法。）

我们在银行户头上有不小的一笔存款，不过没打算把这些钱花光。我们取出来5万美元，然后存起来，开了一个存款证明，把存款证明抵押给信用社；信用社借给我们5万美元，利息只比他们支付我们存款证明的利息高一个百分点。信用社还根据我们的要求，规定每月还款额，使每月还款额不高于我们的要求。这对我们来说真是不错。我们借到了5万美元的贷款，利率只有1%，而我们自己的5万美元还在存折上。我们把借到的5万美元存入支票账户上，银行也会支付我们利息。我们准备好去买车了。

请让我先跑下题，介绍一些关于我妻子的事情，因为这些事情和接下来的故事有相关性。她是中国人。很多中国人，在做生意方面绝对是一流的。他们对生意经烂熟于心，而我妻子更是这样。

接下来，一直到周六的五天时间里，她每天都在跟我唠叨详细的十步计划。具体内容如下：

自我沟通方法六——买车

1. 我要马上跟销售员摆明自己的基本规则。如果他不按我的规则出牌，我就走，不管发生什么都不回头。

2. 我绝对无法接受的颜色是：黑色、酒红色、绿色和白色。

3. 我绝不接受当下随车赠送的小号备用胎。备用胎必须跟车轮的大小一样，且不能额外收费。

4. 车上要配有最好的音响设备，要有收音机和12CD的播放器。

5. 车上必须要有自动变速、空调、天窗、雨感器、加热座椅、铬合金车轮、还有其他需要配备的东西。（她几乎把能列出来的附件都列了出来。）

6. 我带着支票本，用支票支付全款。不要分期付款。

7. 我不还价。销售员没有机会给我报高价。如果报价高出我的预算，我马上离开，不买他的车。

8. 我不会接受销售员推荐其他车，即使这些车满足我的所有要求。

9. 我不会容忍销售员跑来跑去找经理、才给降下几美元。

10. 销售员报给我的价格必须包含所有费用，比如税、经销商提成等。如果销售员在我们商定好价格后再加钱,我就会离开。我就想要能把车开走的价格,当场开支票,支付全款,把车开走。

——自我沟通方法六(完)

当时,我和她都没有意识到,她做的实际是一套非常完美的自我沟通程序!她仅仅是在按自己心里的生意经行事罢了。当时,我认为人们使用自我沟通时,必须独自一人。我绝没有想到,这也属于自我沟通。

周六,我们找到一家经销商。不出意料,一个销售员马上缠上了我们。我妻子告诉他:"我要买一辆车。我有几条非常苛刻的基本条件。如果你真的想卖车,请仔细聆听。"然后她就把前五天大声反复跟我讲的所有要点,又重复了一遍。

销售员笑着说:"没问题。"然后他给她看了三辆 Sevilles 车:蓝色、灰色和褐色。这三辆车都跟她的要求相符。她喜欢蓝色那辆,但是说车上没有大号的备用胎。

"我们下周就可以给你一个。"销售员说。

"我讲几个基本条件时,你没注意听。它必须符合我的要求,我才开走。要不我就不要。完毕!"

销售员有点退缩,走到另一个人那里,和那个人说起话来。然后他回来;另一个人匆匆走了,不到 15 分钟后,手里拿着一个大号备用胎,放在车厢里。

"现在说说最低能多少钱吧?记住,你只能报一次价。我不跟你讨价还价。"

标签价是 5.2 万多。销售员说他的最大权限是 5 万,但是经理能再降点。然后他就去找经理,回来告诉我们,价格是 4.9 万。

"开玩笑吧?"我妻子责怪道,"你都没说个实价。谢谢你了。再见。"她转身就走,碰到一个刚刚走进展厅的人。

"有问题吗?"这个人问。

"没有。我今天要买辆车,但不在这里。销售经理不想把那辆车卖给我。"她指着那辆蓝色的 Sevilles。

"他给你的报价是多少?"

我妻子说:"4.9 万。"

这个人自我介绍:"我是这个公司的老板。你能给我一个机会,卖给你那辆车吗?"

"我给你 15 分钟。这些是我的基本条件。"她又说了一遍,"现在开始计时。"她看着自己的手表。

"我跟你说,"老板说道:"你把你能出的最高价格写在纸上。我把这辆车的最低价格——我们的底线,写在另一张纸上。然后我们都亮出来,看看再说。如果我的价格和你的一样,或是比你的低,你就按我写的价格开支票,车你开走。如果我的价格比你的高,你就离开这儿,不用买。好吧?"

"这是包含所有费用的价格,对吧?"我妻子问道,"没有加税和其他费用?"

"对。"

"就按你说的办!"

他们每人在纸上写下了价格，然后打开看。我妻子写的是 4.5 万。他写的是 4.42 万。我妻子马上开了 4.42 万的支票，开走了标价 5.2 万（还得加税和费用）的车。她因为坚持己见，省下了将近 8000。

在接下来的三四年里，我不断思考这两次购车经历，最后得出结论：这两种情形下，自我沟通都发挥了作用。我还得出一个结论，有效的自我对话、自我沟通，不一定非得一个人的时候才能做。我们可以像跟别人讲话一样自我对话。我妻子对此非常有见地，知道这样做也非常有效。

我决定亲自试试这个方法，看看我的自我沟通理论是否也同样适用。我的车买了快八年了。如果还想继续开一段时间，就要花 5000 美元大修。再往这辆车上投钱，从经济上看不太明智，所以我决定给自己也买辆新车。（对一些人来说，修修现有的车、或买个三四年的旧车，比较明智。）

当时是六月。我想买辆切诺基大吉普。我严格按照妻子三年前的买车方式买车。按照自我沟通方法六，我在独处、以及妻子在场的时候开始自我沟通。我跟她一样，定下了一套基本条件。

我到了卖车的地方，很快就找到了自己想要的车，同样遇到备用胎不是大号的情形。标签价 3.9 万美元。我严格按照自己定好的台词说话。不到两个小时，我就把吉普车开了出来，备用胎也是大号的，只花了 3.2 万，砍掉 7000。

自我沟通真管用！它可以帮助我们明确自己要达成什么，

和如何达成。它还能额外给我们达成目标所必需的自信。

我把利用自我沟通买到吉普车的事情，告诉了一位朋友。她非常高兴地写信给我，跟我说，她也利用自我沟通，买到了想要的新车，并感谢我帮助了她。

如果你想买车，不管是新车还是二手车，自我沟通方法六能帮助你制定自己的条件，这样买到物美价廉的好车的机会就非常高。奇妙的是，你可以对这个方法适当修改，用于购买任何大件商品上。

自我沟通法非常简单。只要在遇到问题时大声自我对话就可以。提问要简单直接,回答也要简单直接。这样问题和答案就会产生预期的目的。

——比尔·韦恩

三天打鱼两天晒网不会成功。我们需要下定决心、持之以恒才能迎来改变。

——比尔·韦恩

第 5 章

戒除坏习惯，培养好习惯
自我沟通培养好习惯

> 性相近，习相远
> ——孔子

几乎所有人都有坏习惯。它们包括咬指甲、紧张的时候眨眼睛、掰关节、磨牙、吃垃圾食品、暴饮暴食或节食、抽烟或嚼烟草等。大多数有这些嗜好的人都想戒掉它们，养成好习惯。

自我沟通可以帮助我们清除自身的任何不良习惯。本章介绍的方法可以用来戒除两个最难戒掉，又最常见的坏习惯：不合理饮食、抽烟。下面两个自我沟通方式可以用来戒掉任何坏习惯。我们只需修改这两个方法，使其符合实际情况。我肯定这两个方法可以满足很多人的需要。

第一节
健康思考
自我沟通培养良好饮食

现在流行的说法是,如果你的身材比扫把的把手胖点,就需要减肥了。杂志、电视、报纸、网络、垃圾邮件等,用广告主认为你应该买的产品来轰炸你——让你有一个更瘦、更健康的身材,更美丽的生活。

我个人不赞成狂热追求苗条的想法。跟身材相比,我对人们的心、思维和品格更感兴趣。但是,本章要讨论的不是我的个人哲学,所以我会贴近事实。我们的社会普遍认为瘦比较好。我也认为,我们都需要有一个健康的生活方式。很多时候,健康的生活方式确实意味着减去几磅。

超重的人有多少,减肥的方法可能就有多少。所以我给你再介绍一种减肥方法,供你参考——自我沟通。没错,我们可以把体重"说掉"。这种方法比吃药慢,但是显然更安全。而它比什么都不做要快得多!但是,在走下一步之前,我感觉把以下事情说清楚是非常重要的:

1. 我不是医生,本章的内容也不是医疗建议。
2. 如果你决定减肥,请在医生指导下进行。
3. 第一节中介绍的自我沟通,只能作为那些经医学证明的饮食计划的补充，不能替代任何医疗建议。

自我沟通法与合理饮食结合起来，能达到最佳的减肥效果。下面我将引用一个饮食计划，详细介绍节食和自我沟通相结合，说明达致减肥的效果。我在这里引用的饮食计划只用于演示，并非意味着这是适合你的最佳计划。这只是一个例子。

选择合适的饮食计划是非常严肃的事情。一定要咨询专业医护人员，并运用自己的判断力。我既不是营养专家，也不是医护人士。我只是指导你如何将自我沟通和个人计划结合起来，让它更为成功。

这里的自我沟通就是在每餐前，大声把饮食计划说出来，并运用一些支持性的言辞，也要大声说出来。下面是我的饮食计划，用以自我沟通是如何发挥作用的：

—早餐—

少量蛋白质（2-3盎司）

少量果汁（4盎司）

一块没有黄油的烤面包

至少2杯水

—午餐—

少量蛋白质（3-4盎司）

少量鲜水果和蔬菜

第5章 戒除坏习惯，培养好习惯

至少2杯水

—晚餐—

少量蛋白质（4-5盎司）

加少许调味汁的少量沙拉

半碗熟蔬菜

至少2杯水

不加肉质或调味汁

把自我沟通与饮食计划结合起来，有以下几个原因。第一，大多数人无法忠实于自己的饮食计划，最后导致失败。自我沟通法是一种自律机制，帮助你坚持执行你的计划。第二，你已经从前面章节了解到，自我沟通是一种强有力的强化措施，促使目标的达成。饮食计划和自我沟通的结合，包含以下三个步骤：

1. 大声告诉自己要吃什么，为什么要这样吃。这样做，能让大脑更容易接受并执行饮食计划。
2. 按刚才描述的计划来进食。这样能满足大脑对追求目标的渴求，强化自我沟通和承诺。
3. 最后，大声告诉自己刚刚做了什么，为什么这样做。这样做能大大强化前两步的效果。

这三个步骤结合起来，能全面地帮助我们摆脱任何不健康的饮食习惯，并用健康的方式取代它们。但是现在，你可能纳闷，因为吃饭时通常都有他人在场，如何在饭前饭后朗读自我沟通的内容呢？这其实不是问题。我们看看这三个常见的情景：单独进餐、和家人进餐、和他人进餐。

单独进餐没有什么问题。按照下面自我沟通方法七（1）的内容，大声自我对话就可以。

和家人进餐，我们有两种选择。第一，告诉他们自己的计划，取得他们的支持。这样做能成为一种游戏，让他们帮助我们执行计划，在餐桌上大声自我对话。他们不会对这种做法有什么想法。第二，如果我们不想使用第一种选择，就可以在饭前饭后到其他房间呆几分钟，进行自我沟通。洗手间总是好的地方，可以让我们有隐私。

和外人一起就餐（在餐厅或办公室），就去洗手间几分钟。可以低声自语，不让别人听见。一定要把自我沟通当成每餐必不可少的一部分。三天打鱼两天晒网不会成功。我们需要下定决心、持之以恒，才能迎来改变。

自我沟通方法七（1）——吃出健康

早餐：进食前，大声说这些话："过一会儿，我就要吃健康早餐了，（举例）我要喝一大杯水，没有黄油的烤面包，再喝四盎司的橘子汁。这份早餐能让我获得身体现在所需的所有营养，也能让我吃饱。它还能让我明智地减肥，直到我减到预期体重。减到预期体重后，我还会继续进食合理的早餐，来保持体重。"

然后开始吃早餐。

饭后，大声说："我刚刚吃了一顿营养丰富的早餐，它能帮助我减肥。我只是在吃饭时吃东西。如果在午饭前饿了，我就喝水。喝水是健康的，还能灌个饱。"（记住，垃圾食品绝不可以吃。）

午餐：饭前，大声说："过一会儿，我就要吃一顿健康午餐，（举例）包括一杯水、一碗鸡汤、一份配菜沙拉以及一小份苹果酱。这顿午餐可以让我以合理方式减肥，直到我减到预期体重。达到预期体重后，我会继续这样吃饭，保持体重。"

然后开始吃饭。

饭后，大声说："我刚刚吃了一顿营养丰富的午餐，它能帮助我减肥。我只是在吃饭时吃东西。如果在晚餐前饿了，我就喝水，喝水是健康的，还能灌个饱。"

晚餐：饭前，大声说："过一会儿，我就要开始吃一顿健康晚餐了，（举例）包括四盎司的烤鸡胸、一小份生菜土豆沙拉、炒西葫芦以及一大杯水。这份晚餐能让我获得身体现在所需的所有营养，也能让我吃饱。它还帮助我以合理方式减肥，直到我达到预期体重。达到预期体重后，我会继续这样吃饭，保持体重。"

然后开始吃饭。

饭后，大声说："我刚刚吃了一顿营养丰富的减肥晚餐。我只是在吃饭时吃东西。如果早餐前饿了，我就喝水，喝水是健康的，还能灌个饱。"

——自我沟通方法七（1）（完）

当然，你应该用自己实际要吃的东西，来代替我在上面使用的食物。

第一节就说到这里。你只要每天坚持这个自我沟通方法，就能达到减肥效果。保证。还有更轻松的事情吗？你居然可以把体重"说掉"！

第二节
不要抽烟！
自我沟通戒烟

几乎所有我认识的吸烟者，都信誓旦旦地说要戒烟。"总有一天我要戒烟的。""我知道抽烟对身体不好，我得戒烟。""医生说抽烟会伤害我的孩子，但是……"诸如此类的话。

吸烟者不是没有注意到吸烟的坏处。他们知道自己有烟熏的口气，衣服和头发也有烟味。他们抽烟还会让别人的衣服染上烟味。他们在哪间屋子抽烟，哪间屋子就有烟味；他们的车里也有烟味。

他们还知道抽烟不仅危害自己的健康，还危害他人的健康。他们知道，他们的肺部应该吸入清洁空气，但是他们却故意强迫肺部吸入有害气体。这完全不应该，对不对？

只有极端愚昧的人才不相信抽烟有害健康；而吸烟者一般都很聪明、具有创新精神，对社会也能作出贡献。问题是什么呢？为什么聪明人如此热衷于做这么不聪明的、有害的事情呢？他们似乎做了件自欺欺人的事情。他们为了开脱自己，让自己相信了一件难以置信的事情。

如果火车就要开过来，你还站在铁路上一动不动，那你就会被撞死。这是毋庸置疑的。但是吸烟者就好像说服了自己，火车不会撞到他们。吸烟的问题之一是上瘾。另一个难点就是，我们的大脑愿意让我们相信自己的选择，而不管这种相信是否站得住脚。

市场上有各种各样的产品，声称可以帮助人们戒烟。尽管这些产品主要戒除抽烟者的烟瘾，它们并非总是有效。这就意味着吸烟者的思维才是需要关注的重点。吸烟者需要认识到，吸烟虽然在短时间里能带来愉悦，缓解压力，但是这样做的代价实在太高昂。如果吸烟者能改变自己对于吸烟的思维模式，就能很快不再抽烟，而完全不需要以各式各样的产品来对付烟瘾。自我沟通能够使人们的大脑产生"自我引发的思维改变"。这种变化，结合戒烟产品，能使抽烟者更受益。烟瘾越重，受益越多。

我特意使用"自我引发的思维改变"这个说法，因为吸烟者自己才是能使自己戒烟的人。任何人的大脑，如果能强大到说服自己火车不会撞到自己，就同样能让自己认识到火车会撞到自己，从而让自己离开铁路。吸烟是一种自我引发的习惯，需要自我引发的解决方法。不抽烟也是一种自我引发的习惯。

我碰到过很多吸烟者。他们都说自己要戒烟。我和他们的交往，让我在这里写的内容完全符合事实。只有吸烟者自己才能有效戒烟。其他人完全帮不上忙。世界上没有神奇药丸。吸烟者只能重新给自己的大脑编程，才能看清如火车迎面而来的癌症和肺气肿。

这就是自我沟通派上用场的地方。如果你在吸烟，但真的想戒烟，你可以把自我沟通作为工具，使自己不再吸烟。等一会儿，你就可以读到一个自我沟通程序，供你参考。你可以把它照搬过来使用，或者改一改具体的用语。无论是什么情况，你每天都需要使用这里所讲到的自我沟通。

首先，你要严肃对待戒烟。如果戒烟是配偶要求你做的，而你自己却不想戒，你戒烟失败的可能性就非常高。所以，要好好思考。把这一节读几遍，然后自己下决心。要戒烟，你必须首先真正想戒烟。

下定决心后，你需要选择一个开始的日期。如果可能，下决心的当天,就应该开始行动。行动日期不应迟于做出决定后一周。如果迟于一周,这个决定就不严肃。在日历上面标注下成功的过程。把开始的日期圈起来,写上"开始"。现在,你准备好开始了。接下来,要将戒除坏习惯的想法铭刻在大脑中,把日历放在容易看到地方,以便每天查阅。

自我沟通方法七(2)——戒烟

第一天:只有第一天,你还可以抽烟,但要运用意志力,减少吸烟数量。早晨起床后,站在浴室镜子前,盯着自己的眼睛,大声对自己说下面的话,连说三遍:"今天,(说出日期),是我最后一天抽烟。"

这一天就要过去时,一边吸最后一口烟,一边大声对自己说下面的话,连说三遍:"这是我最后一次吸烟。抽完这支烟后,我就承诺不再抽烟。明天睡醒后,我就会成为一名坚定的不抽烟的人。"

抽完最后一支烟后,立刻破坏剩余的香烟。扯断它们!弄碎它们!把它们扔到垃圾桶,再也不理会它们。然后在日历上找到当天的日期,画上一个"×",表示成功。现在心情愉快、满怀成就感地睡觉去吧。

第二天:从今天开始,在接下来的整个自我沟通计划中,让其他人不要在你的房间、汽车、办公室或工作场所吸烟。跟他们解释说,这样能帮助你达成戒烟目标；他们很可能会佩服你，愿意帮助你。完成戒烟期之后，你最好还要继续要求别人这样做，这样，你就可以在强化戒烟的同时，为他人树立榜样。

从现在开始，去餐厅吃饭时，一定要坐在非吸烟区。这是对自我沟通计划的肯定，也可避免吸二手烟。

早晨起床后，站在浴室镜子前，看着自己的眼睛，对自己大声说下面的话，连说三次："昨天我永远戒烟了。现在我不吸烟了，我非常高兴，非常兴奋。"

晚上，时不时大声说下面的话："现在，我过完了第一个完整的一天，没有吸烟。余生的每一天，我都要这么过，让自己感觉良好、保持健康，并给他人树立榜样。我不抽烟，感到快乐！"

然后在日历上对应的日期上画上"×"。

从第三天到第三十天：按照下面的内容行事：

早晨站在浴室镜子前，看着自己的眼睛，大声说："喂，你不吸烟了，我很高兴。"

然后，选择一天中的某个时间，大声说出下面的话。你想说多少次，就说多少次，即使一次也可以。一天当中任何时间都可以，不过睡觉前的时间是最理想的。

我今天没有吸烟，成功坚持了一天。我不抽烟有很多理由。我知道吸烟有害健康。我只有一次生命，我要健健康康地生活下去。我知道吸烟会让我有口气，让我的衣服有呛人的烟味。我有自尊心，不想变成一个浑身烟味的人。我知道吸烟会危害他人的健康，味道也不好闻。我没有权利损坏他们的健康，让他们闻难闻的味道。最重要的是，我知道，如果我吸烟的话，就会把自己生命的控制权交到几克的烟草手上，这些烟草会损害我的健康、减少我的寿命，最后会杀了我。

我需要自行掌控自己的全部生活。像我这么聪明的人，要是让几克的干烟叶决定我的健康和自尊，是完全没有道理的。因此，我发誓自己永远不再抽烟。我已经完全掌握了自己的生活。我很高兴能做这样的决定。我真的喜欢自己不再抽烟，这让我感觉很好。

一天的最后，在日历上画更多的"××"，标上成功的日期。过了第三十天，再读一读上面的话，一周一次，连读六周。之后，你就可以不再进行自我沟通。如果有必要，也可以时不时做几次自我沟通，因为现在，你已经不抽烟了。

——自我沟通方法七（2）（完）

以上内容看起来很长，但是实际执行起来很快。毕竟，我们抽烟可能已经有数个月甚至数年。现在我们要在较短的时间内戒烟。放心吧，我们的大脑很强大，能够做到的。我们只需要告诉它，要通过自我沟通达到什么目的。

在用自我沟通戒烟的日子里，你可能会有抽烟的冲动。你可以利用自我沟通法克制这种冲动，也可以嚼点口香糖或咬根牙签加以缓解，也可以做点事情，分散注意力。出现这种冲动并不意味着自我沟通没有效果。方法是管用的，但是我们的大脑有时会像顽皮的孩子一样叛逆，不让干什么却偏偏干什么。

你不能屈服，不能让孩子做有害的事情，比如在铁路上玩耍。我们会让孩子这么做吗？当然不能。所以同样不要屈服于大脑"在铁路上玩耍"（继续抽烟）的冲动。不要傻站着，让"火车撞到"。摆脱有害的生活方式——通过自我沟通戒烟。

放心吧,我们的大脑很强大,能够做到的。

我们只需要告诉它,要通过自我沟通达到什么目的,然后付诸行动。

——比尔·韦恩

每一天,在每一个方面,我都变得越来越好!

每一天,在每一个方面,我都感觉越来越好!

是的,我更好了。是的,我更好了。是的,我更好了!

——埃米尔·库埃德

第6章

如果生活给你一个柠檬，就把它榨成柠檬汁吧！
使用警句进行自我沟通

> 悲观主义者从每一个机会中看到困难；乐观主义者从每一个困难中看到机会。
> ——L. P. 杰克斯（英国牛津大学哲学教授）

从1972年初，我才开始发展和实践本书所介绍的自我沟通理念。当时，为了提高自己的各方面素质，我开始每一天通过积极肯定，来给自己指引。我的灵感来源于法国精神治疗医生埃米尔·库埃德（1857—1926）的著作。库埃德指导病人每一天都大声对自己说："每一天，在每一个方面，我都变得越来越好！每一天，在每一个方面，我都感觉越来越好！是的，我更好了。是的，我更好了。是的，我更好了！"

果然，库埃德的病人确实越来越好了！所以我想："为什么不是我呢？"我开始每天大声对自己说库埃德的积极肯定话语，通常都在开车时说的。

库埃德的这段话是通用的，处处适用，所以我不知道可以期待再有什么不同。仅仅过了几周，我的生活就发生了巨大变化。意外发生了，工作18年之后，我失业了。现在回想起来，我那次被炒鱿鱼是发生在我身上的最好事情。尽管当时我很沮丧，但是这件事为我打开了很多机会之门，让我向着更大满足、富足和快乐前进。

由于这些变化，我开始创造更多积极肯定的话语，将其融入日常自我沟通中。开始，这些肯定的话语就像库埃德的一样，比较宽泛。我开始在具体场合使用肯定话语。有些积极肯定话语很长，我只好把它们写下来再读。（所以，短小的积极肯定话语比较好。）我使用《圣经》、莎士比亚、林肯和其他著名人物的话语。我还大量借用甚至是无名作者说的警句。

例如，在失业时，我借鉴"如果生活给你一个柠檬，你就把它榨成柠檬汁"这句谚语，创作出这句肯定的话语："生活给了我一个柠檬——我失业了。我要把这个柠檬榨成柠檬汁，从中找到激动人心、有回报、能带给我前所未有好处的工作。"

在接下来几天中，我不断对自己重复这段"从柠檬到柠檬汁"的话，想到了一个新的事业方向。我决定当咨询顾问，用语言的力量帮助人们应对挑战。但我不知道如何转变成为顾问，所以我继续重复上面这段话语，并坚信"如何做"最终会冒出来。

几天后，我突然想到一个想法：从电话黄页本上寻找咨询顾问，申请实习生的职位。我不知道他们是否要招实习生，但是我要找找看。电话黄页上有几个咨询顾问的电话。在挑选之前，我又花了几天时间，重复进行自我沟通："下周四，我就要从黄页上挑选一个最好的顾问，来进行面谈，而这将会成为我最好的选择。"

周四那天，我打开黄页，把每位顾问的条目慢慢、大声地读出来。读到一个名字时，我突然产生了"就是这个"的感觉。这是一位名叫艾米·史密斯的女人。

在去拜访艾米的前几天，我跟自己说了下面的话："下周一拜访艾米时，我一定要自信、放松。我的言行举止必须准确，要向她表现出我的知识和能力，这样她才能雇我当见习生。"

那个周一是我人生的重要转折点。艾米对我进行了深入面试。她说："你没有心理学或相关专业的学历，但是你的技巧、实际知识和人际关系能力非常出色。你甚至超过了刚刚获得心理学博士学位的人。你来上班吧。"（注：我阅读非常广泛，记忆力也非常好。）

艾米把我当作顾问那样培养，让我走上了这条令人兴奋、回报丰厚又让人受益匪浅的职业道路。这正是我利用自我沟通规划好的。很快，我更深刻地认识到了话语的力量，继续扩展自我沟通理念的适用范围，并最终写成本书。正如你所见，我已经远远超越了积极肯定话语的范围，但是它却始于这些肯定话语。

在职业生涯开始后不久，我为自己创作了下面这一段长长的肯定话语（自我沟通方法八）。起初，我大声对自己朗读这段话，一天读一次，连续读了一个月。后来，我坚持每周读一次，坚持了数年。现在，我每年读上两三次，强化肯定话语的效果。对我来说，这是极其有力量的自我沟通方式。稍后我会详细阐明。你可以直接使用这一方法，也可以按照自己的具体情况进行修改。你也可以把它作为例子参考，创作自己的鼓舞人心的自我沟通方式。

自我沟通方法八——服务与成功

接下来，我要说的是一段肯定话语，说明我是谁，我的目标和期望是什么，我现在在做什么，以及未来要干什么。这是事实。这是现实，就是这样。这些话语及其背后的思想所具有的全部力量、意义，和所涵盖的范围，都将永远在我的整个人生和所有思想中留下永不磨灭的印记。这些话语及其背后的思想，创造了我作为比尔·韦恩这个人存在的现实意义。每当我听到、说到、读到或想到这些话，它们所表达的比尔·韦恩的现实,就能在我人生的各个方面增添无穷力量、更直接、更有效。

我是上帝的子民。不管他让我用什么方法为他服务,我都会满怀荣耀和成功的信念,忠实地完成他赋予的工作。《圣法兰西斯祷告词》正好反映了我这方面的感受。

圣法兰西斯祷告词

主耶稣啊,使我作你和平的使者:
在有仇恨的地方,让我播种仁爱;
在有伤害的地方,让我播种宽恕;
在有怀疑的地方,让我播种信心;
在有绝望的地方,让我播种希望;
在有黑暗的地方,让我播种光明;
在有悲哀的地方,让我播种喜乐;
噢,主耶稣啊,赐我那梦寐以求的;
不求人安慰,而去安慰人;
不求人理解,而去理解人;
不求爱,而去爱;
因为给予,就是得着;
宽恕人,就被宽恕;
这样的死亡,就是我们的永生。

我绘制梦想的能力优秀，清楚、有力、有效。

我生活的各个方面——身体、智力、精神、感情、社交、经济、工作或生意，以及家庭状况都完美无瑕，各方面的关系也非常平衡。

我的使命就是作为讲师、演讲家和作家，用真诚、成功和名声，来为人们服务，利用我的才智、技术和能力为人类谋福祉。我一直在做这样的事情。每天奉献越多，我也越成功，利己利人。我对生活每一个方面的感悟不断提高，给我所接触的人都带来利益。

我的思想和行为均由真理、智慧、诚信和爱所指引。

我所想要和需要的金钱、物质财富和福气总是我的，即使是超过我需要的财富也总是我的，以便我可以和他人分享这些财富。我为拥有生活各方面的财富和祝福而感恩。所有拥有目标、坚信自己能够实现目标、并为此努力工作的人，都能拥有这些财富和祝福。

我经济自由、身体健康、四肢健全、大脑清晰睿智，感情稳定，成熟。我在不断追求自己的梦想。

在生活中，我是胜利者和成功者。

——自我沟通方法八（完）

第6章 如果生活给你一个柠檬，就把它榨成柠檬汁吧！

下面例子说明了上述方法的力量。当我创造这个方法时，还没有开始写这本书。我甚至不知道我能不能写书，会不会写。现在我已经是一名出过书的作家了，我也是一名成功的演讲家，我获得了财务自由。我的梦想是继续写书、演讲，以便帮助他人实现梦想。

话语的力量强不强大？自我沟通的力量强不强大？我相信你知道答案了。使用你自己的话语，去成为你能成为的一切样子，达成心愿吧。

本章余下部分列出了一些素材，可帮助你创作自己的积极肯定话语，用于自我沟通。某些材料你可以照搬过来，直接使用，也可以像我借鉴"榨柠檬汁"一样，借鉴其中理念创作肯定话语。培养记录或背诵优秀名言警句的习惯。很多时候，它们在你的自我沟通中会起到弥足珍贵的作用。

下面是我摘录的一小部分名言警句。我发现这些名言有助于梳理和端正思想，并激励我在生活各方面不断取得进步。

关于恒心

- 坚持下去。世界上没有任何东西可以取代持之以恒。才华不能；有才华却不成功的人再常见不过。天才不能；一事无成的天才随处可见。单单教育也不能；世界充满着受过良好教育的流浪汉。持之以恒和决心是无往不胜的。

——卡尔文·柯立芝（美国第五任总统）

关于冒险

- 失败的方式有很多种,但从不冒险才是最确保失败的方式。因此,我要在自己身上冒险,我绝不会输。相反,我会在投入精力的所有地方取得成功。我绝不放弃,而依靠勇气和自信永远坚持下去。

——比尔·韦恩

关于个人成就

- 我只会在这个世界上走一次。因此,如果我能造福他人,多行善事,让我现在就做吧。别让我耽误,也别让我忽略,因为我再也不会重新再走一次了。

——无名氏

关于自我控制

- 任何时候,我都能完全控制所有感官。

——比尔·韦恩

关于选择

- 上帝从不问你能否接受生命。那是不能选择的。你必须接受。你所能选择的是如何度过它。

——亨利·沃德·比奇

(1813—1887,美国牧师及演说家)

- 我只有一次生命。我要把它过得有尊严、有骨气、尊严和诚信。

——比尔·韦恩

- 真正成功所需具有的十三种美德：克制、沉默、规矩、决心、节俭、勤奋、真诚、公正、温和、整洁、平静、纯洁、谦虚。

——本杰明·富兰克林

（18世纪美国思想家、作家、科学家）

关于克服忧郁

- 人生或许艰难，但肯定胜过没有。

——比尔·韦恩

- 风暴过后，太阳总会出来。

——无名氏

关于人生态度

- 我不为明天担忧。明天还没有来，或许不会来。只有今天，只有今天是属于我的。

——爱德华·菲茨杰拉德

（英国诗人、翻译家）

- 凡事都有定期，天下万物都有定时。
  生有时，死有时。栽种有时，拔出所栽种的，也有时。
  杀戮有时，医治有时。拆毁有时，建造有时。
  哭有时，笑有时。哀恸有时，跳舞有时。

抛掷石头有时，堆聚石头有时。怀抱有时，不怀抱有时。

寻找有时，失落有时。保守有时，舍弃有时。

撕裂有时，缝补有时。静默有时，言语有时。

喜爱有时，恨恶有时。争战有时，和好有时。

——《传道书》

关于应对挑战

- 不管发生什么事情，我都能以合理、成熟、双赢的方式来处理。

——比尔·韦恩

关于临死和死亡

- 懦夫一生死多次；

  勇者一生死一回；

  在我听到的一切怪事中，

  贪生怕死最奇怪；

  人都不免一死，

  死亡要来时总会来。

——莎士比亚（英国剧作家、诗人）

积极思想让我受益匪浅。

它们有助于我决定自己的命运,拓展生活所有方面的技能。

——比尔·韦恩

学习公众演讲让我受益匪浅。

学完整个课程后,我的整个事业开始突飞猛进!

克服最大恐惧,让我赢得最大胜利。

——比尔·韦恩

第7章

信心十足地说话

自我沟通克服头号恐惧

> 无数人到死都害怕在公共场合演讲。
>
> 他们因此丧失了幸福,无法在生意上取得最大的成功,最终埋没了潜力。
>
> ——史蒂夫·欧泽(知名波士顿地产代理)

十多年前,有一个研究机构做了一个全国性调查,公布了美国成年人最害怕的十件事情,死亡和看牙医名列其中。这两个倒不稀奇,但第一位的恐惧才是最稀奇的。没有人想到,它就是害怕在一群人面前讲话,也就是怯场。调查发现,大多数成年人,至少在美国,一想到向一群人讲话就会惊慌失措!

自从这项调查公布以后,在人群面前讲话位居第一号恐惧的位置，也曾被车祸、癌症和其他事物超过，但是多年以来，从未跌出前十名。在 1999 年的一项调查中，它再次回到榜首，仍然是人们一大恐惧。这是耻辱。公众讲话对任何人来讲，都应该是最令人满足、最有回报的活动，但只有极少数人愿意这样做，仅仅是由于很多人为之恐惧。

1962 年，我在 IBM 公司担任技术写作实习生，收入还算不错。但是，我很快发现，除非我能提升自己对公司的价值，否则我做这个职位就要做到退休。根据我的观察，我清楚地看到，那些在公司中升职的人很自信，性格外向，能够在人群面前自如地讲话，而他们的讲话也很有威信。我决定成为这样的人。所以我报名参加了卡耐基公共演讲和人际关系课程。

整个课程一共十四周，每周一节课，每节课四小时。这个课程有个要求，学生每次上课，都要在课堂上作两次演讲，每次至少两分钟。

第一天上课时，我们要站在同学们面前，介绍自己的姓名、职业和其他个人信息，比如爱好，要说两分钟。一名同学发言时，呆若木鸡，嘴唇都动不了。在两分钟时间里，他勉强颤抖着嘴唇，含含糊糊地说出了自己的名字。老师问他在哪里工作，这名无助的同学连这个都想不起来了。后来，他告诉我们，这两分钟是他人生中经历的最漫长、最难熬的两分钟。但是十四周后，他说话清晰连贯，爱上了演讲。

这个课程同样让我受益匪浅。学完整个课程后，我的职业生涯发生了突飞猛进的变化！我克服了最大的恐惧，赢得了最

第7章 信心十足地说话

大的胜利。你也可以取得同样的结果。

　　在四年时间里，我得到三次重要的升职机会：从副工程师到高级助理工程师，再到部门经理。在随后两年里，我又升了两级：从项目经理升到拓展经理。这还仅仅是开端。如今，我是一名作家兼演讲家。这一切都是因为我在1962年学会了公众演讲。从那时起，我一直享受着演讲的乐趣。我的生活也因此发生了变化。

　　只要你每天花几分钟时间，练习本章所介绍的自我沟通方法九（1）和（2），你也能取得同样的成功。这两个方法能帮助你克服怯场，同时帮助你树立十足的自信心。

　　由于大多数人没有像我一样上过专业的演讲课程，所以我研究出这两个方法。毫不夸张地说，它们可以百分百替代我接受过的课堂密集培训。我的训练不光是关于演讲，还可以用在人际关系。对大多数人来讲，这两个方法足以帮助他们破除任何束缚。它们可以让几乎任何人，鼓足勇气站起来向一群人说出自己的想法，然后获得非常好的感觉。

　　下面两个方法，可以帮助你做好在人们面前讲话的心理和感情的准备。它们不能像实际操作那样，教会你如何演讲，但是，它们却能帮助你摆脱恐惧和顾虑，促使你真心期待在人群面前演讲。至于是否把它们用于个人生活或生意中，由你来决定。

　　现在让我们看看你在日常生活中可能遇到的演讲场合和机会。

1. 在工作中开部门会议时，你可能需要作工作报告。更常见的是，同事们聚在一起，你提出问题或回答问题。这是一个非常好的起点。
2. 在家长会上，你作为主导者或热心参与者。
3. 在政界，有很多需要在公众面前演讲的机会。你需要善于演讲，才能在政界有所作为。政治家要把握所有机会，随时随地讲话。遗憾的是，很多人当选，不是因为他们有真才实干，而是善于演讲。如果你感觉自己能有所作为，就要关爱他人，为人诚实、诚信、有知识和常识。
4. 作为一名童子军领袖。
5. 作为主日学校的老师，或者成人教育老师。
6. 作为业余戏剧组织的成员。
7. 在开拓生意时，你需要在潜在顾客或同事面前讲解。最成功的人都能在他人面前演讲，激发他们采取行动。

演讲的机会和场合非常多，我们就不一一列举了。几乎所有人在一生中的某个时候，总会有机会向一群人发表自己的意见。但是，很多人都没有把握住这些机会，反而让自己对演讲的恐惧占了上风，无法说出自己想说的话。他们心里有一些重要的话要说，却无法鼓足勇气，开口讲话。

你有没有注意到，那些打开嘴巴说话的人，经常是让事情发生的人？很多时候，他们能赢得他人的赞赏，自我感觉良好，还能得到自己想要的东西！那些嘴巴紧闭的人，没法让别人知道自己的想法，也就无法得到自己想要的结果。他们通常一事无成，却常常抱怨发生在自己身上的事情。演讲和成功之间存在直接联系。所以，要开始运用自我沟通，开口讲话，以便取得更大成功！可以这样开始：

1. 按照自我沟通方法九（1）进行。你可以修改这个方法，使之适合自己的需要，直到你熟练掌握。这是两分钟的讲话，包括自我介绍，想要达成的目标，以及你想和人们说话的原因。
2. 按照自我沟通方法九（2）进行。它包括一些短小警句，你需要在一个月内每天读一次。一月后改成一周至少一次，直到你从容和自信地接受在人群面前讲话的想法为止。你的恐惧会慢慢消失，你会爱上演讲。

自我沟通方法九（1）是两分钟的讲话，供你参考。当然，你需要按照自己的情况，创造适合自己使用的台词。本方法目的是促进和激发你在公共场合讲话的承诺。缺乏这个承诺，重复练习自我沟通方法九（2）就没有什么价值了。

在朗读自我沟通方法九（1）的内容时，一定要站着说，以便提升自信心。站得笔挺能给别人留下有力、自信的形象。

下面有几种很不错的方式，你可以从中选择最适合自己的。

1. 站在镜子前，对自己讲话。
2. 站起来对录音机讲话，说完后就可以听自己的讲话。
3. 对着宠物讲话。（让它哈欠连天，睡着了，你可别灰心！）
4. 让朋友和家人当听众，向他们讲解。
5. 让朋友或家人给你录像。如果你看自己的录像，觉得自己的形象糟糕，不要在意。第一眼看自己的录像时，很多人都会产生这样的感觉。很多职业演员都有这种感觉，不愿意看自己演出的电影。这是人们的正常反应。

自我沟通方法九（1）——提高与演讲

我的名字是马克·安德森。我已经做了15年的电力工程师了。这是个苦差事，不是我真正想要的工作。

我想更好地掌控生活，多陪伴家人和旅行。为了达成这一目标，我开始创业。

和我分享创业机会的朋友向我保证，不需要任何相关经验。他说我只需要一个梦想。既然我有梦想，我就立刻开始，一边创业，一边工作。

虽然我才开始创业，我知道自己渴望成功，成为优秀领导人。我还想举办聚会，传授经验，激励他人。

为了实现目标，我需要在他人面前演讲，不管听众是男是女，不管他们来自什么行业，有些人我认识，有些人我不认识。所以我要克服对演讲的抵触情绪，学会从容自信地进行演讲。

下个月我们有个大型聚会，有一位高级领导人要来讲解，如何改善人际关系，加快业绩增长等。我非常渴望学习这些知识。我会记下大量笔记，努力学习并加以运用。如果合适的话，我还会录音。

我决定使用自我沟通，为这次重要聚会做好准备，并采取必要措施取得成功。这样，我才能成为领导人，有资格在这些聚会上演讲。我兴奋极了。

——自我沟通方法九（1）（完）

接下来，你按照自己的具体情况撰写讲稿。你可以朗读它，背诵它。你感觉怎么舒服就怎么做。最重要的是，要去做。一定要承诺遵循具体的方法来提升自己。

自我沟通方法九（2）列出一些积极肯定话语，可以加强自我沟通方法九（1）的效果，并调整你的思维，以适应演讲的需要。你自行决定朗读这些肯定话语的地点：开车等红绿灯时，或交通堵塞时，在浴室里，在花园里工作时，在家里镜子前，在宠物面前。每天都做，每次练习只需要一两分钟。

自我沟通方法九（2）——演讲

"我的思想观点和其他人的一样有价值。实际上，我的想法有时候比其他人的要好。"

"我有强烈的表达欲，想向人们表达自己的观点。我要抓住任何这样的机会。"

"我相信我有能力在任何时间、在任何场合，表达自己的观点。"

"我有一些有价值的话要讲，并自信地说出来。"

"每次在公众面前演讲，我都很镇定，很放松。"

"我喜欢在公共场合表达自己，这样做有助于我成为更成功的人，让我更有满足感。"

以上话语仅是一些范例，让你可以开始。你可以在这些范例的基础上，创作适合自身情况的肯定话语。

——自我沟通方法九（2）（完）

正如其他事情那样，自我沟通成功的秘诀是练习、持之以恒和决心。

和家人、朋友、同事或生意伙伴一起使用自我沟通，来治疗怯场，能产生显著效果。很多人害怕演讲，你很可能认识一些害怕演讲的人。把他们召集起来，让所有人都能在他人面前进行自我沟通练习。享受其中乐趣吧。你们会大有收获的。你们可以按照不同的主题，例如成功、幸福、婚姻、生意等，创作更多自我沟通讲稿。然后，每人都用自我沟通进行两分钟的演讲。

注意：不要批评！把人们聚集到一起进行练习的唯一目的，是建立一个在他人面前展现自我的平台。

当然，你可以针对不同主题使用自我沟通，而无需任何人在场。注意，这是你在训练自己大声表达观点的能力。这样，每次碰到机会时，你就可以更有效地表达观点。

只要你不断努力克服怯场，你就能成为一名优秀、自信的演讲家。衷心祝福你，好好利用自我沟通。你能做到！

你有没有注意到,那些打开嘴巴说话的人,经常是让事情发生的人?

演讲和成功之间存在直接联系。所以,要开始运用自我沟通,开口讲话,以便取得更大成功!

——比尔·韦恩

自我沟通有助于我们更充分地准备讲解，并大大增加说服听众成为新朋友、新客户或新同事的机会。

——比尔·韦恩

第 8 章

演讲是一条有双向车道的大街
自我沟通准备精彩的演讲

> 我所见过的成功人士永远乐观、永远充满希望。他们面带微笑地去发展生意,像男人一样应对艰难生活的任何挑战和变化。
>
> ——查尔斯·金斯利(英国作家、牧师)

演讲是我们在和他人沟通过程中,告诉他人自己日常做什么以及如何做。在最基本的层次上,我们与他人面对面交谈,就是一种演讲。我们通过自己的语调、措辞、肢体语言和脸部表情等,把自己表达给他人。有效的沟通,尤其是说服他人同意自己的观点,需要你自如地运用这些技巧。

在商业世界,演讲在沟通过程中占据着非常重要的位置。我们可能与自己的同事、上级、客户和顾客等对话。我们使用白板、图表、电脑幻灯片或其他手段增强演讲效果。但不管演讲多么复杂，目的都是相同的，就是有效沟通，也称为信息的双向交流。生意人讲解产品、服务或机会，并希望从潜在客户、现有客户或同事那里获得反馈信息。教师在课堂上讲解信息，并以问题的问答形式，来得到学生的反馈信息。

所有成功的演讲家都知道，自己的成功很大程度上依赖于如何有亲自展现自我。穿着邋遢、说话粗鲁的人，无论产品、服务或机会如何好，演讲主题如何吸引人，都不可能成功。随着经济转型，人们更多地选择通过经营家庭生意，更好地掌控自己的生活。在这种情况下，演讲的作用就更加重要了。自我沟通方法十就是关于讲解机会的，但它可以用于任何类型的讲解中。

如果你有幸正在从事这样的事业，你很可能不会很期待去向他人讲解这个机会，至少开始时是这样的。自我沟通有助于你为讲解做好更充分的准备，增加将陌生人变成朋友、以及向你购买或与你合作的机会。在正式介绍使用自我沟通准备讲解以前，我先岔开一下话题，简要谈谈演讲的各种因素。如果你不能在这些方面做到最好，自我沟通也帮不了你多少。

你或许听过这个说法："永远没有第二次机会，给人们留下良好的第一印象。"第一印象是最重要的，可以影响到整个演讲效果。良好的第一印象可以消除一些微小失误对演讲的影响。负面的第一印象则会抵消精彩发言的效果。

给人们留下绝好的第一印象的五条法则：

1. 准时到达讲解地点。提前 15—20 分钟到达为佳，这样能有时间调整状态、做最后的准备工作，稍稍演练一下，并将注意力集中到讲解上面。
2. 穿戴整洁，但不用穿得像时装模特儿那样。干净整洁即可，要让自己看起来拥有一个生意。衣着要有品位，稍微保守点。这样不容易冒犯别人。
3. 注意个人卫生。千万不要有体味和口臭。在现代社会，没有理由做不到这一点。
4. 不要吸烟。
5. 男士要把胡子刮干净。三分之一的人不信任留胡子的人。

在多年的管理工作中，我面试过无数人，一些求职者肆无忌惮地违反了前三条规则。有三个人我还记忆犹新：

1. 一位电力工程师"睡过头"，面试迟到一个半小时，却居然不打电话告知一下。
2. 一位女士穿着透视装来面试，居然没穿胸罩。
3. 一位男士身上有一股恶臭。人还没到，臭味先到。在我跟前说话时，他的口臭比体味还重。

可以想象，这三个人没有被雇用！我个人没有遇到过违反第四条规则的人，这可能跟我办公室里贴着醒目的"禁止吸烟"标志有关。我也不记得曾聘用留胡子的人！先知先戒备。

遵从这五条规则，能给他人留下良好的第一印象。假设你已经达到了这五条规则的要求，在销售或创业过程中，还需要注意什么呢？

1. 友好，乐于助人。这样潜在客户就会知道，我们是他们乐意购买或合作的人。
2. 分享关于公司、产品、服务、机会和潜力的信息，帮助他们解决问题，或者让他们感觉到能从购买产品或与你合作中获得收益。
3. 了解人们的梦想和目标。确定潜在客户真正想要什么，让他们知道我们的产品、服务或机会正是他们想要的。

很多演讲者常常认为自己知道他人想要什么或如何做成某件事情，而忽视第三点。但如果你忽视了人们的梦想或目标，就根本无法在他们身上取得成功。他们的反应会让你失望，他们会对你失去兴趣。了解他们的梦想和目标，并专注于这方面，可以大大提高让他们向你购买或与你合作的可能性。任何人在向着某个方向前进之前，首先需要一个理由。随着时间的推移，"如何做"是水到渠成的，人们就会开始相信你可以帮助他们解决问题、实现梦想、达成目标。

自我沟通在帮助你做一个成功的讲解方面非常实用。它可以帮助你销售自己，分享你的产品、服务或机会。有一点需要注意：只有你足够渴望克服挑战、实现梦想或达成目标，自我沟通才能帮助你，并且潜在客户也希望采用你所能提供的东西。否则，自我沟通或其他你做的任何事情，都无法让你在那个人身上取得什么进展。尽管如此，你需要时刻注意，这个人可能会是引导你认识其他足够渴望做一些事情的人。你只有首先承诺于自己的梦想和目标，穿越足够的人数，才能找出其他看到和认同你所分享东西的人。

即使你足够承诺，你也仍然需要克服某些阻碍你前进的力量，比如焦躁、自卑、说话过多、说话太少、态度消极、不聆听、对自己所做的事情缺乏热情等。你可以利用自我沟通，来解决所有这些问题。

在讲解之前，你可以简单做几个自我沟通的动作，克服上述问题。自我沟通方法十是一个通用模型，你可以在它的基础上，根据实际情况进行修改。如果距离讲解还有几天，就每天大声朗读两遍。如果离讲解就剩一天或几个小时，就把方法九(1)（参见第88页）大声朗读至少三遍。

我强烈建议你：尽量提前多了解潜在客户的信息，写下具体问题，向他们提问。

自我沟通方法十——介绍生意机会

在（说明时间和地点），我给一名合格的潜在客户介绍生意机会。

在讲话时，我会冷静、放松，同时热情。我相信，我能精彩地介绍这一机会。在引导潜在客户的同

第 8 章　演讲是一条有双向车道的大街

时，我会表现出自信。

我说话轻松自如，如实、全面地回答所有问题。

我认真地倾听潜在客户的问题，问他问题，帮助他确立梦想，说出他的目标，表现出我对他的关心。我会适当平衡说话和倾听之间的关系。

我介绍的机会有着以下好处，我能提供给对方以下帮助。（在这里，你可以说明潜在客户有什么品质，你所提供的机会能给他带来什么好处。你需要详细说明以下品质：热情、渴望、优点等。）

我会问潜在客户以下问题：（在这里，你把你希望潜在客户回答的问题写下来。要提前准备好这些问题。）

"我非常自信，做好了准备，随时可以在（说出时间和地点），给（说出姓名）做讲解。我以最佳状态展示自我，并给他留下良好而深刻的印象。"

——自我沟通方法十（完）

自我沟通方法十简单明了。从根本上来说，它是一个模拟讲解。在使用这个方法时，你可以假装在对着一个人讲话。向别人分享机会，要有热情，恰当使用戏剧性词语，做一切你能做的事情，以便获得肯定答复。享受这种乐趣吧！鼓励人们和你合作，因为你有着一个载体，可以帮助他梦想成真或达成目的。当你自我沟通时，你越有激情，效果就越好。饱含感情地讲话，可以加深大脑对这些话语的印象。

用这种方法练习得越多，在真正给潜在客户做讲解时，你给他们留下良好而深刻印象的机会就越大。自我沟通帮助你做好最充分的准备，使大脑记下讲解时所需要用到的想法和事例。在实际讲解中，这些话语会自然出现在我们脑海中，省去了我们费力思考要说什么、做什么的紧张。你的讲解就会成为两位朋友之间随意、但重要的对话。

演员演戏如此自然，因为他们在登台表演前大声排练过很多次。讲解也是表演。你是这场独角戏的主角。你可以利用自我沟通作为热身，慢慢进入角色，轻松地演一场获奖好戏。奖励就是潜在客户说："好！我很感兴趣。"

讲解也是表演。你是这场独角戏的主角。

你可以利用自我沟通作为热身,慢慢进入角色,轻松地演一场获奖好戏。

奖励就是潜在客户说:"好!我很感兴趣。"

——比尔·韦恩

慷慨地付出爱和接受爱，开放地赞美他人。

树立榜样，创造积极改变的涟漪。

当足够多的人这样做，人们就会接受这种做法，找到更好的模仿和学习的榜样。

——比尔·韦恩

第 9 章

你不能推动绳子，但可以拉动湿面条！

利用自我沟通清除生活中破坏性成见

> 我能根据点燃街灯的灯夫留下的痕迹，来知道他在哪里。
>
> ——哈里·兰戴（英国演员）

"成见"（或者"偏见"），在字典中有两个定义释：一、执拗不变、毫无理性的负面看法或感觉。二、对事物形成的正面或负面的看法与见解。

第一种成见具有潜在的危害性，在当今世界上的任何社会和国家，都应该消除。我们应该阻止那些已导致以及继续导致死亡、社会隔阂的成见，以及那些正在迫害千百万正直和无辜的人的成见。我们要包容差异，为多样化感到高兴。世界千篇一律，岂不是非常单调？

没有人能摆脱成见。几乎任何人都可以归入某类少数人群中，受到成见的危害。下面是划分少数人群的常见因素：宗教信仰、种族、国籍、年龄、发色、身体或精神缺陷、地域、肤色、教育程度、政治信仰、外貌、姓氏、职业、社会经济地位、性别等。在这些因素之下，还可以细分出小类别。例如，宗教信仰包括很多不同类别，不同宗教信仰的人彼此也会抱有成见。

成见具有破坏性、非理性和毫无必要，没有任何好处。幸运的是，我们所有人都可以做一些事情，尽最大努力平衡自己，抛弃成见。我们还可以利用自我沟通提高自身素质，欢迎和包容差异。

慷慨地付出爱和接受爱，开放地赞美他人。树立榜样，创造积极改变的涟漪。当足够多的人这样做，人们就会接受这种做法，找到更好的模仿和学习的榜样。稍后，你将会学到自我沟通法十一，帮助你成为这个积极改变的先锋，为人们带来不同。

但是，先让我们看看成见的第二个定义："对事物形成的正面或负面的看法与见解。"按照这一解释，成见也可以有积极、建设性意义。社会极其需要反对贪婪、犯罪、醉酒驾驶和暴力的成见。我们需要反对任何不公正地剥夺另一个人权利的成见。在自我沟通中，你要在心中树立严肃积极的成见，提升品格，为建设更强大、更平和的社会作出贡献。

很多人认为自己对他人没有成见。我就是这样。但是，通过仔细观察，你就能发现，这种想法是错的。人们很难做到在任何情况下都不会有成见。

不要冒这种风险，让我们不断保持警惕，时刻留意"万一"这些成见冒出来。你只要花几分钟，就能利用这个方法让自己更好，让周围的世界更好和更强。我觉得我是一个很包容的人，而依然经常提醒自己。

让我们利用自我沟通方法十一，抛弃有危害的成见，培养包容和赞赏精神吧。与前文提到的自我沟通一样，这也需要你根据自己的具体情况进行修改。你可以随意安排练习次数，但至少保证每月一次。如果你本身就抱有某种成见，那就每天练习，直到抛弃成见为止。

对自己大声朗读下面的内容。如果你有兴趣，可以邀请家人或其他人一起练习。

自我沟通方法十一——消除有害成见

只要人们正常行使自己的权利，我毫无例外地尊重他们的权利与信仰。

我的所想所说所做，都永远支持个人与群体的权利。

我努力了解跟我有差异的人和群体，以便更好地了解、尊重他人，与他人和谐相处。

不论何时遇到成见，我都采取措施抵制它。

通过保持警觉，抵制有害成见，我为这个世界带来积极的不同。

我持有这些积极成见：反对贪婪、犯罪、醉酒驾驶、社会不公和暴力，反对剥夺人权的言论和行为。

我扩展我的思想和行为，包容整个生物界。

——自我沟通方法十一（完）

到目前为止，我们只是讨论了利用自我沟通，平衡自己，防止自己形成有害成见，培养建设性成见。但是对于其他人的成见，怎么办呢？

人们只会做他们确实想、并且有足够动力去做的事情。你无法控制这一点。强迫别人改变，强迫人们做事情，就像推动一条绳子，根本无法做到，注定会失败。让人们改变，甚至比推绳子还难，尤其是他们还顽固的情况下。你有没有试过"拉面条"呢？如果拉得太快，用力太猛，面就会断，不能拉成条。让人们改变，正如从一堆面条中拉出一根湿面条。你需要很温和地拉，才不会把它拉断。

你要树立乐观态度和积极榜样，保持良好氛围，人们才会追随你。他们就是我们需要轻轻拉的湿面条。正如俗语说，"你不能推绳子，但你可以轻轻地拉湿面条"。利用自我沟通方法十一，摆脱成见困扰吧。用充满关爱、易于接受的言行，来树立明亮的榜样，以便人们可以学习。

碰到成见时，你要尽可能以设身处地、不对抗的态度，来对付它。把你的讲解变成真诚的对话，了解为什么人们会抱有成见，温和地向他们提出你的观点，供他们参考；尽量避免争吵。在有成见的人心里播下抛弃成见的种子。只要你树立起抛弃成见的好榜样，利用自我沟通，给对方一个非对抗性的讲解，你就能巧妙地拉动湿面条。

你能单独依靠自己的力量，来消除世界上所有仇恨和成见吗？不可能！没有任何人能做到。但是你确实可以抛弃自己的成见。成为别人学习的榜样吧，尤其为那些急需好榜样的人，提供学习的范例。这样，积极的影响会不断扩大，带动越来越多的人。当你的爱、包容的思想和行为能坚持下来，即使它一次只能影响一个人，世界也能变得更好。

我们还不能完全消除成见，但这是一个好的开端。从自身做起吧！然后从今天开始，轻轻地拉动一些面条！

夫妻之间时不时会出现分歧。有分歧是正常的。双方以爱情为出发点解决分歧，就能从中获益。向配偶说明不同的观点，有助于增进夫妻双方对彼此的理解，以及对自身的了解。自我沟通可以帮助夫妻双方，以积极而具有建设性的方法解决分歧从而利于问题的解决，拉近彼此的关系。

——比尔·韦恩

第 10 章

静下心，倾听彼此
利用自我沟通，构建和谐夫妻关系

爱情不是盲目的；它使我们看到更多，而不是更少；但正因为它看得更多，所以愿意看得更少。

——朱利亚斯·戈登

对于已婚人士来说，夫妻间感情纠葛的分歧，是最难处理的问题。

你有没有过想要朝着配偶大吼的冲动，说他（她）根本不知道你想说什么，让他（她）闭嘴？或许你刚刚这样责备过自己的爱人，说过难听的话，你知道这样的感觉，肯定是很难受的。难听的话只会让气氛更紧张，让沟通更缺乏理性。一旦负面情绪趁虚而入，理性和克制就会荡然无存。

夫妻之间时不时出现分歧，这是很正常的。双方以爱的方式来解决分歧，就能把关系带到一个新的高度。向配偶说明不同的观点，有助于增进夫妻双方对彼此的理解，以及对自身的了解。自我沟通可以帮助夫妻双方，以积极和建设性的方法解决分歧，从而帮助解决问题，拉近彼此的关系。

但是，如果夫妻双方不以爱、成熟、理性的方式来处理分歧，使分歧演化成争吵、指责、怒骂甚至肢体冲突，就会给双方造成极大伤害。吵架是不尊重对方，给双方的心理都蒙上阴影，伤害自尊心。经常吵架、互相怒骂伤害夫妻关系，无助于感情的培养。

夫妻关系的裂痕越严重，分歧的处理也就越困难。但是某些自诩为专家的人，却鼓动人们用吵架的方式解决分歧。他们鼓吹，人们可以不顾他人感受，把自己的想法和感受原原本本说出来。他们还提倡，人们应该面对面地大声争吵，解决问题。

我曾经看过一个电视节目。节目中一位所谓专家播放了一段录像，展示了很多夫妻用吝啬、愤懑的话，互相吵架。这些夫妻吵架时，满口污言秽语，语音语调非常可怕。这不是演员表演，而是真实画面，看着令人难受。这名专家甚至鼓励人们这么做。

这位所谓专家采访录像的参与者。他问："释放心中的生气和愤怒，感觉如何？"参与者说，感觉非常好。

"看，"专家说："这是极好的治疗法。"但是，节目主持人显然不买账，问争吵的参与者："你们是否过上幸福的婚姻生活了？"结果所有人都回答说，他们在录像后不久就离婚了。一位女士说，尽管把心中的情绪都发泄出来，感觉非常不错，但她被丈夫的尖酸刻薄伤透了心，才跟他离婚。她说，"我永远忘不了他说的那些恶毒的话。"

"我说的不是真心的，"他说："我跟你一样纯粹在发泄。"

其他参与者的说法大同小异。虽然他们很享受发泄的感觉，但是，他们却被配偶的话深深伤害了。

主持人看了"专家"一眼说："你还想糊弄谁？这玩意儿害人不浅，哪儿有什么好处？"

这位专家名头不小，有博士学位，所以必定没错。但我百分百不认同，用这种方法来解决个人分歧。博士学位不代表拥有者有资格是某领域的专家。在个人心理咨询方面，常识和关爱更为重要——而这恰恰是"专家"所缺少的。

显而易见，语言是非常有威力的，话说出来就无法收回。无论何时，无论对自己还是对别人说话，措辞要反复斟酌。例如，"你真傻！"和"昨天聚会上，你的举止欠妥当！"这两种说法，就有天壤之别。前者指责他人有严重缺陷，排斥他人，严重损害他人自尊心。后者则提醒他人暂时出现了某种不符合要求的行为，针对的是这个人的行为，不会损害其尊严。记住，一个人并不等于其行为。持续不断的行为反映一个人的态度和习惯。第一句话会永久损害说话人和说话对象的关系，而第二句话不会。

这是自我沟通方法十二的铺垫。这是严重分歧的修复。你只要具备常识和关爱即可。修复一个严重和怒火冲天的分歧，需要注意以下四点：

1. 以建设性方式来释放心中的愤怒和挫折感。
2. 尽量公平、平和、理性地说明自己的观点。
3. 尽量公平、平和、理性地说明自己如何理解对方的观点。
4. 你需要让修复发生。这包括两方面内容，稍后将详细说明。

上述四点可以通过自我沟通完成，通常只需要一次。你可以按照自我沟通方法十二的模式，根据自身的具体情况编写练习内容。

以下是一个情形，供参考：你和你的伴侣在超市买东西。你们在拥挤的人群中穿梭，讨论商品和价格。你们都认为价格太贵，近期看不到降价的迹象。你们在发愁，如果价格继续涨，如何才能在收入范围内吃得好。出于好奇，你拿起来一包丁骨牛排想看看价格。

伴侣以为你想买牛排，就生气地大声说出了下面的话，引来很多人的眼光："我们买不起！要是你不把钱浪费在书和杂志上，我们就能吃得起牛排了！你不可能又买书和杂志，又买牛排！"

此时，你面临如下选择：

1. 你可以大喊："岂有此理！"然后气呼呼地离开超市，为日后的争吵埋下隐患。
2. 你可以责骂伴侣更浪费钱，然后逐条说明对方把钱浪费在哪里。这可能会当场引发一场"全面战争"，引来围观。
3. 你可以想："哎呦！这种情况下，我应该自我沟通。"然后轻轻把牛排放回去，温和平静地说："就是看看价格，没打算买。"（这种温和、设身处地的说法，会立刻化解愤怒。）

你知道，一定有一些事情在困扰着伴侣，不仅仅是牛排这么简单。或许，她今天工作特别不顺心，但这不是解决问题的时间和地点。你还知道，不应该忽视这个情况，它肯定是某些问题的外在表现。你刻意地找点时间，等到独处的时候，再利用自我沟通，来解决这一问题。

下面就是用于解决上述问题的自我沟通。双引号中的话语要大声说出来，其他话语是相关信息和注释。需要注意的是，要独自练习，不要让别人听到。

自我沟通方法十二——缓和家庭经济压力

你需要做的第一件事情是，平息任何怒气。如果有必要，你可以大声喊叫，或说点解气的话，发泄情绪，把愤懑全部释放出来。一定要确保在没人的地方这样做。

第一步：你（说出配偶的名字）到底怎么了？今天你在超市的表现就像是没大脑一样！你让我十分尴尬，让我颜面扫地。你的行为让人完全无法接受。你不该这样说我，对不对！你责怪我把钱浪费在书和杂志上面。但是我喜欢读书，我有权享受这点乐趣。你呢？你把钱浪费在了……

现在想想，配偶都把钱浪费在什么上面了。"我从来没有不让你买那些你喜欢的东西。我们要公平一点……"继续大声嚷嚷，直到把怒气发泄完为止。指出自己做过的好事和配偶做的惹怒你的事情。在没人在场的情况下，把话都说出来。

等你的愤怒和生气都发泄完，情绪就会平静下来，没有伤害你的配偶，以及你们之间的关系。

第二步：大声向自己陈述自己的情况：

我每月买一本个人成长类或生意类图书，以及一本生意类杂志。我读书，学到了知识，愉悦了身心。我每月在这方面花费大概是（说出金额）。我认为，这笔钱对我们来说不算多。实际上，通过阅读，我可以不断提高自己的品格，学习更多生意知识，学会如何取得更大成功。通过阅读，我还能改善人际关系，做一些有助于改善经济状况的事情。

我认为，你生我的气，是因为我们还有欠债，而我花了还贷款的钱。我能理解这一点。但是我认为，我们需要把花在书刊上的钱看作是对未来的投资，而不是一种花费。我很高兴，我们能够谈这方面的问题。也许我应该和你一起，以平静和成熟的方式，花点时间仔细检查我们的整个预算。我们也许应该重新调整其他方面的开销，把钱用在刀刃上。为什么我们不坐下来一起检查整个花费呢？

第三步：现在说清楚配偶的情况——大声说出来。

生活成本不断上涨，我们就要入不敷出了。你对这种情况非常生气。你认为我买书刊加重我们的经济负担。你不像我那么喜欢读书，这也让你感到恼火。你当然有权利质问，我们为什么要把钱花在这些地方上。

第四步：现在启动修复程序。这包括两方面：首先，根据第二步和第三步，分析情形，大声对自己说出解决方法，并在此基础上，采取适当行动。

下面是两个针对不同情况的自我沟通范例：

1. 每年，我都要花500多美元买书、杂志。对此，我感到非常愧疚。我连一本都没读完过，很多时候只是稍微浏览一下，或者干脆不看。我有成堆的过期期刊，塞满了整个储物间。我总是抱着总有一天会读这些杂志的心理。我会留下一种杂志，退掉其他。至于过期杂志，我干脆把它们送人或扔掉。以后，我每月只买一本书和一本财经杂志。

2. 我认为我读书、杂志花费不多。我每月读一本书，看一本杂志，一年大概花300美元。我认为这个金额还是合理的。我非常喜欢读书，以后会继续下去。我认为，它们能帮助我们不断进步，希望你能理解我的愿望。

然后和妻子谈谈这件事情。你可以根据具体情况选择（1）或（2），或自己编写。

在和妻子谈这件事情之前，修复工作已经取得了巨大进步，完成了99%。

——自我沟通方法十二（完）

综上所述，自我沟通方法十二的关键因素是：

1. 不要吵架。无论你是否想大喊大叫，都要保持克制。
2. 倾听。非常注意倾听配偶说的话，感受他（她）的情绪，努力去理解对方面临的困难。

做到这两件事，你们之前的感情就能大大增强；你表现出你的爱和在乎，而爱是连结夫妻关系的纽带！

以上例子也许并不符合你的具体问题，但无论你遇到什么情况，它都可以作为你解决问题的模型。归纳来说：

1. 把愤怒和生气释放出来。在没人和别人听不到你讲话的地方，把这些情绪从心中全部赶出去。
2. 在没人的地方，尽量公正、准确地说明自己的情况。
3. 在没人的地方，尽量公正、准确地说明配偶的情况。
4. 分析第二步和第三步，采取解决问题的办法。
5. 大声自我对话，把要对配偶说的话练习一遍。
6. 最后，用平静、爱的口吻跟配偶谈谈解决方法，仔细倾听他（她）说的话。在处理问题的过程中，态度要友善、关切，直到问题完全解决。

当然，跟前文所讲的一样，你需要大声说出上述内容，才能发挥自我沟通的作用。自我沟通的效果是显著的。我发现，在不同情况下多次运用这一方法，夫妻间的严重分歧可以完全化解。这一方法可以从苗头上消除问题，也许你以后再也不必采用这个方法了。

我认为，你生我的气，是因为我们还有欠债，而我花了还贷款的钱。
　　我能理解这一点。但是我认为，我们需要把花在书刊上的钱看作是对未来的投资，而不是一种花费。

——比尔·韦恩

工程师设计的压力容器都配有防止爆炸的安全阀。我们人呢？我们怎样才能给自己配上"安全阀"呢？尽管"安全阀"功能作用显著，配备也不是难事，但遗憾的是，大多数人却无动于衷。

——比尔·韦恩

第 11 章

说出自己的怒气
自我沟通释放压力

> 首先确定压力的来源,然后以健康的行为逐渐替换由压力引发的行为,你将会释放自己的生活。
>
> ——丹尼与玛丽·莉娜

我们大多数人的生活节奏快、接触面广,处理的事务、接触的人纷繁复杂,比如工作、老板、同事、配偶、孩子、父母、税务官员、开车、昂贵的生活成本、生老病死和政府,还有机器故障、坏天气、邮政服务、牙医、医生、亲戚、长时间暴露于吵闹和噪音中,以及其他无数事情。任何人在任何时候都会面临各种各样引发压力的人和事情。这正好说明了要有积极态度的必要性。

大多数在大多数情况下,都能理性地、妥善地处理一些压力。但有些人对压力的忍耐力较小。我们都在某些时候经历过一大堆压力，几乎受不了，需要寻求帮助。压力过大甚至会让人们出现反常行为。

如果我们经常承受过大压力，它就会对我们的身心产生不良影响，会引发难过、消极、沮丧等情绪，甚至引发精神疾病。压力过大还可能导致身体严重不良反应，如心脏病；还会导致人们出现社会无法接受的行为，比如愤怒引发的暴力。压力处理不当会造成损失，甚至还会导致人员伤亡。

本书不会从医学角度介绍缓解压力的方法。若由压力引起身体问题，一定要向医生咨询。不过，你可能明白这个道理，在压力积累到引发问题的程度之前，你可以及时干预释放压力。这是常识。你可以把压力想象为蒸汽锅炉内的气压，如果锅炉没有安全阀释，气压不断上升，锅炉就会爆炸，破坏自身和周围的一切。普通高压锅配有安全阀，气压达到一定程度，安全阀就会开启，排放蒸汽。有些高压锅还配有备用保险塞，如果安全阀发生故障，保险塞就会启动。

工程师设计的压力容器，都配有防止爆炸的安全阀。人呢？我们如何给自己配上"安全阀"呢？"安全阀"作用显著，配备也不难，遗憾的是，大多数人却无动于衷。例如，医生或许建议你通过快步走、跑步、举重或健身来释放压力。这里还有一个完全免费的安全阀可供使用，不需服用任何药物。我就使用这一方法很好地缓解了压力，也可以在你身上产生同样的效果。这是一个自我沟通的特殊例子，供你参考。

首先，我们先看看下面两个常见的处理压力的方法：

1. 控制压力。加强控制。不让任何人知道你内心正在遭受压力的折磨。
2. 大肆向周围任何人或物释放压力。

第一种方法会让人更生气、更愤怒，损害身体健康，甚至会要你的命。第二种方法会破坏财产、损害他人身心健康、破坏人际关系，甚至触犯法律。压力要在不造成伤害的前提下，定期释放。这就是自我沟通方法十三要达到的效果。

自我沟通方法十三的目的是释放压力。本章把"自我沟通释放压力"作为副标题，因为"释放"才是你真正需要的。你不仅要大声说出来，还要提高嗓门和音量，在大声喊的同时，让自己兴奋起来，把任何想到的东西都喊出来。当然，要在没人的地方这样做。

释放压力是以健康、有益的方式，使用你身体和情感的能量。假如你今天的工作压力特别大。下班开车回家也非常难受。气温高达30多度，车里的空调还坏了，在路上堵车堵了两个小时。一到家，你还收到税务局的信，说要查账。你受够了！再也没办法忍受这些破事了！

自我沟通方法十三——发泄压力与宣告自由

找个没人、能大喊大叫的地方，比如车库、可以关上门的房间、树林、田野、大山或公园里的偏僻角落。把令人沮丧的情况大声喊出来，同时攥紧双手，像打沙袋一样击打拳头，加强说话的效果，从语言和身体两方面发泄压力。这个过程应该这样：（"砰"表示向空中用力挥拳）。

"我受够了（砰），厌倦了（砰）。我受够了总是欠债（砰）。我受够了没有时间做自己喜欢做的事情（砰）。我受够了没完没了地工作、而没有出头之日（砰）。我受够了开这辆老爷车（砰），住在这所又小又旧的老房子里（砰）。我受够了这份工作（砰），我要往前走（砰）！"

你明白怎么做了吧？让所有怒气都发泄出去。要竭尽全力说出任何困扰你的话语，释放所有压力。任何事情都不例外。继续大喊，继续挥舞双拳，但感觉够了的时候，就要停下来。

——自我沟通方法十三（完）

你已经用恰当的方式释放了所有压力，你可以重新回到正常生活中，和人们交往了。你感觉更好，因为你确实更好了。这个方法虽然看似疯狂，但是非常有效。如果你把压力一直憋在心里，就会使压力积累到损害身体健康和人际关系的程度。

释放压力是以健康、有益的方式,使用你身体和情感的能量。

如果你把压力一直憋在心里,就会使压力积累到损害身体健康和人际关系的程度。

——比尔·韦恩

我们希望得到别人热情的赞扬,也同样需要寻找机会赞美他人。真诚的赞扬具有强大的力量。没有什么能比赞扬更能够鼓舞人心,排除低迷的情绪。

——比尔·韦恩

第 12 章

温暖的赞扬
通过自我沟通赞扬自己

> 要想成为顶尖者,就必须首先相信,自己已经是一个顶尖者。
>
> 自我相信在低语:"持之以恒地做那些你需要的事情。成功就会上门来。"
>
> 自我相信坚持认为,你已经有了赢取胜利所必要的条件。你知道自己能达成目标。
>
> ——托尼·萨弗士(美国励志作家)

我们都希望得到别人的赞扬,也同样需要寻找机会赞扬他人。真诚的赞扬具有强大的力量。没有什么能比赞扬更能鼓舞人心,排除低迷的情绪。赞扬在培养强烈、健康的自尊心方面具有神奇的力量。

第 12 章　温暖的赞扬

我记得以前看过一部牛仔电影。电影中的主人公不可以接受别人的赞扬。身材魁梧、说话温柔的陌生人骑马赶路，路过一个小镇。（当时，似乎所有的英雄都是身材魁梧、说话温柔的陌生人，他们从一个地方游荡到另一个地方，好像没有工作，也没有收入。）

小镇被一些坏蛋控制着，处于他们的恐怖统治之下。当然，身材魁梧、说话温柔的陌生人在继续赶往下一个小镇之前，单枪匹马把这些坏蛋都收拾了。就在他骑上马离开小镇时，镇上的好人聚集起来，开始竭力赞扬他。但是，他不能接受这种赞扬的话。所以他低着头，用靴子头踢了踢小石子，然后轻声说："没什么，真的没什么。"说完之后，他就骑马离开小镇，消失在落日的余晖中。

我认为，电影想要表达的是，人们需要永远保持谦虚的态度。我同意这种观点，谦逊是成功人士的品质。但是，优雅地接受赞扬不仅不会使人丧失谦逊的品质，还会使那些赞扬别人的人感到被尊重。吹嘘才是不谦逊的表现，它表现为极度虚荣的自我吹嘘，是不可接受的。没人喜欢跟自吹自擂的人共事。我相信，那个身材魁梧、说话温柔的陌生人离开镇子后，到没人能听到他说话的地方，就会让马停下来，或许会大声对自己说："你干得很好，斯利姆。"然后，接着赶往下一个小镇为民除害。

只有具备健康的自尊心，你才能应对每天面临的挑战，在实现梦想和目标的路上克服各种阻碍。自尊心需要赞扬作为滋养成分，但是往往只有极少数人会赞扬别人。因此，在大多数情况下，你如果想成为生活的胜利者，你需要自我赞扬。没错，自我赞扬是可以的！事实上，它对维持良好的自尊心是必要的。那个身材魁梧、说话温柔的陌生人独自一人时，肯定很清楚这一点，才会大声说："你干得很好，斯利姆。"

自我沟通方法十四——自我赞扬

从今天开始，以及在今后每一天中，在没人的地方给自己热情的赞扬吧。大声对自己说："你干得非常棒（自己的名字），""你是冠军（自己的名字），""你拥有所有条件，做到自己想做的事情（自己的名字）。"或者其他类似、简短的自我赞扬。这就是利用自我沟通赞扬自己。这个方法简单有效。

——自我沟通方法十四（完）

但是有些人的大脑被深深植入了"哦，这没有什么"的思想。他们不愿意接受利用自我沟通来赞扬自己。对这些人来讲，你们可以这样想：

你一生认识很多人，只有你自己才是对自己不离不弃的人，你承担着在自己的生命中克服各种挑战的责任。同时，你也承担着寻找人生答案的责任。

上面一段话说的是纯粹的事实，传达的信息也非常清晰。

你要掌握自己的命运。这没有任何问题：你要对自己负全部责任。现在就承担起这种责任吧。从现在开始，出色地完成一项工作后，或培养某项好品质后，利用自我沟通来赞扬自己，树立健康的自尊心吧。你不必去到小镇里，清除所有坏蛋后，再赞扬自己，也不必等到取得伟大成就后才赞扬自己。尽管你周围都是好人，他们却不一定会赞扬你，所以我们要在做完日常小事后赞扬自己。

下面是两个赞扬自己的例子：

1. 你独自一人第一次开着新车，行驶在偏远的公路上，突然轮胎没气了。你以前从来没换过轮胎，甚至不清楚备用胎和工具放在哪里。但是你花了一小时，最终换好了轮胎。这当然需要赞扬自己："你干得非常棒（你的名字）。"
2. 你把车停到购物中心的停车场，发现有一辆车的车灯还亮着。你过去检查了一下车门。如果门没锁，你会开门把灯关掉。如果锁着，你会记下车的样子和车牌号码，然后把这些信息交给购物中心工作人员手里，让他们去广播这个消息。然后你可以赞扬自己："你干得非常棒（你的名字）。"

每天你都会碰到各种机会，使用自我沟通来赞扬自己：你对孩子非常耐心，而没有责骂他们；你对同事非常耐心，没有跟他们争吵；虽然想放弃，你还是坚持努力并取得成功；即使朋友们想让你下班后打一局高尔夫球，你还是回家陪家人；即使你不想给潜在客户打电话，你还是打了等。遇到这些情况，你都可以用自我沟通来赞扬自己。

从现在开始，你就利用自我沟通来赞扬自己吧。不过在开始之前，你要真诚地对自己说："通过阅读本书，运用本书的理念，我在为自己做一件伟大的事情。"

第 13 章

妈妈，看啊，我都不用手！
利用自我沟通打开创作之门

> 无论如何冷酷残暴，或者温暖友善，你所看到的世界，将会决定你的人生经历和所遇到人的品质。
>
> 无论哪种情况，你的愿望都会得到满足。
>
> ——布鲁斯·加拉布兰特

还记得你学骑自行车的情形吗？你一旦掌握了基本的平衡和转弯技巧，你就可以撒把骑车了。当你到了这个地步，你骑车路过家门时，你就能把手举过头顶，喊道："妈妈，看啊，我都不用手！"此后，你可能就此满足，不会在骑车上获得任何进步了。你不会把前轮提起、只用后轮着地骑车；你很可能没学会只用后轮原地转圈，更不会骑车跳来跳去。我们的创造性很可能停滞在"妈妈，看啊，我都不用手!"这里。

撒把骑车虽然有点危险但并不难做到,几乎所有人都会。它需要一些创造性,但是不多。很多人不就是这样度过生命的吗?我们只发挥了一点创造性,仅仅够过得去,仅此而已。多可惜啊!只要我们探索,我们所有人都可以发挥无穷的创造性。接下来,我会向你介绍,如何利用自我沟通,挖掘创造性。

你和成功人士的唯一根本区别是,后者不断追求更大的成功,并做所有必要的事情,去追求它。结论显而易见:做更多正确的事情,你也能取得更大成功。而做更多,通常需要更多的创造力。问题是,很多人认为创造性是演员、音乐家、作曲家、作家、发明家、艺术家或诗人才用得到。当然,这类人确实是创造性的好例子,但创造性包含比这些显而易见的事情更大的范畴。刺绣需要创造性,木工、服装设计、做菜、克服困难和创业等也同样需要创造性。

不论何时,只要你运用聪明才智,把某件事情变为现实,你就是在发挥创造性。最为常见的发挥创造性的例子是,克服前进的障碍,实现梦想或达成目标。例如,数百年来,人们认为大规模生产衣服是不可能的。但是,埃利亚斯·豪研究这个挑战,发明了缝纫机,解决了这个问题。蔬菜烩肉或许是一个很饿的人发明的。他手头只有零碎食物,但他研究了当前情况,发挥了创造性。手工艺和兴趣爱好也是发挥创造力的好地方。

每次你做有创意的事情,你的创造性就会得到提升。这就是创造性给我们带来的好处。它可以将你内心的最好发挥出来,并强化它。无论你是在写书、建立一个生意、发明一个菜式,还是谈判讲和,它都是一样的。这些活动都能激发创造性,都能使人们从所从事的活动中受益。

我们每一个人都有能力让自己比现在更有创造力。我们都有能力发挥聪明才智,将想法变成现实。我们的潜意识是我们言听计从的仆人,为我们提供任何我们需要和能应对的创造性。我们所需要做的,就是要求。我们可以通过自我沟通来要求。我写下的所有东西,都是通过自我沟通"咨询"潜意识后,才发生的。我要求了,就得到,接着就得到了成长。

第一次大声自我对话时,我就相信自己的潜意识是很聪明的。我马上给它起了个名字,叫"克莱德"。我自我沟通时,总是以克莱德为说话对象。一开始,我会说,"克莱德,我遇到了一个挑战",然后再说明自己想做什么。每次这样做,我都百分百得到它的帮助。

自我沟通方法十五——对潜意识说话

你可以这样开始:"我希望从现在开始,在我一生中,不断对潜意识直接说话。为了能让谈话更方便,我把我的潜意识命名为(选定的名字)。"在下文中,我会使用克莱德作为例子。

"克莱德,我需要你的帮助,我需要你帮助我打开所有的创造性，以便我做到更多事情，成为我天生应该成为的人。我想更有创造力。请帮帮我。"

请求完之后，在之后的日子里，尽可能多地和克莱德说话，想要得到什么，都可以跟它说。注意，每次开始之前，都要叫潜意识的名字（比如："克莱德，我又来向你咨询问题了"），这样才能和潜意识建立直接、牢固的沟通。然后，你就可以看到，在你的生命中，会发现什么奇妙的事情吧。你肯定会惊喜不已的。

——自我沟通方法十五（完）

当然，如果你的潜意识告诉了你创造性想法，而你却忽略了它，潜意识就会停止提供想法。这就像"狼来了"寓言故事一样。所以，你要认真对待这些想法。正如《圣经》所说："现在你们求，就必得着。"此外，你需要行动，才能真正取得进步。现在你可以利用自我沟通打开创造性了。球已经在你的场上。看你的了。

我们所有人的人生只有一次，所以我不打算把哪怕是一秒钟的时间浪费在无谓的白白等待上。那么你呢？我相信只有通过努力才能实现梦想，正因如此，生活才充满惊喜、令人兴奋。

——比尔·韦恩

第 14 章

手上有太多时间？
通过自我沟通建设性利用时间

> 要认识时间的真正价值；抓住分分秒秒，享用每一瞬间。
>
> 没有浪费，没有懒散，没有拖延。不要把今天能做的事拖到明天。
>
> ——查斯特菲尔德勋爵
> （英国著名政治家、外交家及文学家）

我从来没有试过完全闲着。因为我不喜欢无所事事。我说的"闲着"，是指不做任何事情，玩耍、工作、阅读、学习、计划、看或听等。它意味着闲逛着，等待事情发生，打发时间。我不能容忍无所事事。我们只有一次生命，我完全无法容忍浪费哪怕是一刻的时间，无谓等待某些事情的发生。你呢？

我相信要使事情发生，因为只有这样，生活才能充满惊喜、令人兴奋。但我不是一直这样认为的。数年前，我也曾有大把的闲散时间，百无聊赖。无所事事，尤其是经常无所事事，是异常令人烦躁的。或许其中有着强烈的挫折感，而挫折感则是因为没有任何事情发生，尤其是自己想要的事情不会发生。

长大以后，我发现，自我沟通可以完全充满我的时间，让我享受，并从中找到满足感。当不知道该做什么的时候，我就利用自我沟通，看看自己应该做什么。当我写完一些内容，不知道接下来该写什么的时候，也会使用这一方法。它屡试不爽。

方法非常简单。想一下：如果有人（比如你的孩子）来找你："我太无聊了，没事情做。"你该怎么说呢？你可以通过提问题来引导他们找到事情做。你可以问这些问题："你的作业做完了吗？你的房间打扫干净了吗？你能看书吗？为什么不把你上个月开始做的飞机模型做完呢？给奶奶写封信如何？给杰克打个电话如何？你想跟我去打篮球，还是想跟妈妈去买东西呢……"

现在，你在自己身上做这些事情。例如，帮助自己确定要做什么事情，以便达成目标。设计一些问题，然后大声问自己这些问题，然后大声回答这些问题。例如，你可以问自己："现在，什么事情对建立我的生意或事业最重要？在我应该做的事情当中，我拖延了什么？我需要打电话给谁、或拜访谁？我需要去哪里？"当你利用提问题来让自己专注的时候，你想到答案的速度,定会让自己吃惊的。

你还可以利用这个方法来迎接和克服挑战。下面是一个例子,注意,提问题和回答问题都要大声说。

自我沟通方法十六(1)——解决问题

你驾驶一辆18轮大货车,因为绕路走到了一条不熟悉的乡村小路上。你看到前面有一个天桥,上面的标志是"限高12.11英尺"。而你知道,你的货车高将近13英尺。你把车停了下来,查看了之后,你认为,如果把车强行从天桥下开过去的话,货车的车顶会被碰下来。所以你开始进行下面的自我沟通:

问:"现在我怎么办呢?"

答:"我可以掉头回去,走其他路。"

问:"但是我怎么掉头呢?这条路这么窄,没有路肩,两边都是沟。"

答:"是啊,这个地方根本没办法掉头。"

问:"打电话求助是不是好办法呢?"

答:"可以这么做。"

问:"为什么不仔细看看差多少能过去呢?"

问:"好吧。"你把车架松了松,让挂车的前沿刚刚碰到天桥。

问:"还差多少才能过去呢?"

答:"大概0.25英寸吧。"你量了量说道。

问:"那为什么不把车胎的气放放,让车再低半英寸呢?到下一个服务区再给轮胎充气。"

答:"好主意,就这么办。"

你通过运用自我沟通,不断问自己问题,寻找可能的方法,最终解决了问题。这是一个简单化的例子,却清楚地展现了解决问题的整个过程。

——自我沟通方法十六(1)(完)

如果你不知道下一步该做什么的话,可以用这个方法应对挑战,或想出新办法。自我沟通其实是很简单的。你只要直面问题,大声把情况对自己说几遍。问几个简单直接的问题,然后给出简单直接的回答,就能把你带到你想去的地方。那些原本会虚度的时间,可以利用起来,做很多有助于达成目标的事情。

自我沟通方法十六(2)——合理利用空闲时间

现在是下午两点。离去机场接妻子,还有两个小时。

问:"这两个小时我能做什么呢?"

答:"早点去机场逛逛。"

问:"不。我想做点有意义的事情。告诉我该做点什么。"

答:"看看人吧。"

问:"不。那纯粹是打发时间,不会有任何结果。"

答:"那就看看书,或者看杂志。"

问:"我已经看完杂志了,我可以看书。但是我想利用机场人流较多的优势。跟我说一个花一两小时的项目吧,好吗?"

答:"这样怎么样,认识三四个潜在客户,和他们聊聊天?去交几个新朋友吧!"

问:"嗯,这是个好主意吗?"

答:"好。就这么做了。谢谢。"

——自我沟通方法十六(2)(完)

你可能想,为什么要跟自己大声说这样的话,"为什么不能在心里默默说呢?"你当然可以这样做,但你很可能不能得到快速、实在的结果。大声说出来的话,你会更加集中注意力。如果你只是在心中默念,你会很容易走神,结果可能只会漫无目的地做白日梦,没有任何实质性结果。我们在前文讨论过,人们的大脑很像一个固执的孩子。

如果你大声对自己说话,你就会让自己高度集中注意力在相关挑战、情况和环境上,从而更快、更有可能想出解决方法。毫无意义地做白日梦一两个小时是很容易的,这除了浪费时间外,没有任何结果。听到自己大声亲口说出来想要达成的目标,有着令人难以置信的力量。大声对自己说话,能产生深远影响。

不要告诉我，你没有时间。这完全是借口。

地球上的每个人每天都有24小时，不多也不少。

所有的绘画、所有的书籍、所有的发明，所有的生意，都是由每天只有24小时的人们创造出来的。不要跟我哭诉："我没时间。"

——比尔·韦恩

第 15 章

不要沉迷于"要是当初如何"的迷梦

自我沟通设定优先次序

> 我们都应该关注未来,因为我们要在未来过完余生。
>
> ——查尔斯·F. 凯特灵(美国发明家)

我有一个朋友,他很有艺术天赋,但你不会听说他,因为他不经常画画。他根本没有按照优先次序来度过自己的时间。他一周花 40 小时做一份单调、与艺术毫不相干的工作,只是为了养家糊口。他当然还得做一些房子周围的事情:除草、剪草、刷漆、修理门窗、更换有裂缝的瓦片、修补水管上的裂缝等。

有趣的是,他不做家务活。他还有如此多的其他事情要去

第 15 章 不要沉迷于"要是当初如何"的迷梦

做，毕竟一天只有 24 小时。他也需要吃饭睡觉。还有什么其他事情呢？他几乎每个周末都要去参加晚会，总有一些事情值得庆祝。平时每天晚上，他都要看电视，从下午 6 点半的世界新闻开始，一直看到晚上 11 点半的本地新闻，然后才拖着疲惫的身子去睡觉，这样他第二天早晨才能起来上班，去做一份让他因为种种原因而讨厌的工作。他不想看电视的时候，就上网玩一会儿，浏览一个又一个的网站，打发时间。他总能找到时间做这些事情，这真让人惊奇。所以，他肯定没有足够的时间画画。他不断哀叹："我热爱画画，但我总是没有时间画。"

我曾对他说："这是个借口。地球上的每个人每天都有 24 小时，不多也不少。所有的绘画、所有的书籍、所有的发明，所有的生意，都是由每天只有 24 小时的人们创造出来的。不要跟我哭诉：'我没时间。'"事实上，我们都能找到时间做我们真正想做的事情。而成功的关键就是设定和坚持你的优先次序，按照这个次序最大限度地利用时间。

我妻子边看电视边织披肩，在长时间坐飞机的时候做针线活。她通过做自己喜欢做的事情，最大限度地利用时间。我那位准艺术家朋友真想画画的话，完全可以一周画一两幅画。如果画一幅画需要十个小时，他只要每个晚上少看两小时电视，或少上两个小时的网，五个晚上就够了。这就是一个设定优先次序，并且严格执行的问题。

你已经学会了充分利用时间的一个方法：在洗澡、停车等红绿灯时自我沟通。自我沟通也可以帮助你设定和坚持优先次序。也许你和我那位艺术家朋友一样，遇到了相同问题。自我沟通方法十七就是以他的问题作为例子的。

自我沟通方法十七——设定优先次序

　　这周，我要画一幅山景图，要花大概十小时。我决心严格自律，画完这幅画。我每晚都要从下午6点画到晚上8点，直到画完为止。不管这个时段电视有什么节目，不管我多想打开电脑，我都会坚持画图。这是我的绘画时间。如果我想8点以后继续画，我会接着画。但是，每晚我至少要画满两小时才能停。我要找理由画画，而不是为不画画而找借口。我画画，因为这是我真正想做的事情。这是我的第一优先事务。

——自我沟通方法十七（完）

　　你可以把自我沟通方法十七作为范例，根据自己的实际问题进行修改。然后每天自我沟通，直到成功地把优先事务变成你生命的一部分，不会再荒废为止。

　　约翰·格林利夫·惠蒂埃（19世纪美国诗人）曾写道："在所有言语或笔墨表达的可悲话语中，最可悲的莫过于：要是当初如何就好了！"不要让自己的梦想变成"要是当初如何"。利用自我沟通，设定和坚持优先次序，把潜在的"要是当初如何"的可悲变成喜悦吧。

第 15 章　不要沉迷于"要是当初如何"的迷梦

我把本章内容和我的艺术家朋友分享了。这个方法在他身上有效吗？没有。他没把自我沟通当回事，根本没花时间进行自我沟通。我能说什么呢？有时候人们确实仅仅满足于幻想着某种生活，而没有去真正过上这种生活。它不应该是这样的。我对你的希望是，你把自我沟通设为优先事项，为自己创造一个美好生活，而不是"要是当初如何"的生活。

跟随不同的鼓声吧。

开始大声对自己说话,运用自我沟通,按照自己的调子前进。

跟随自己的梦想,你就能去到任何你想去的地方。

——比尔·韦恩

第 16 章

听到不同的鼓声了吗？
用自我沟通，按自己的音调前进

> 如果一个人没有和他的同伴保持步伐，也许是因为他听到了不同的鼓声。
>
> 让他按照他听到的调子前进，无论他走得多快、多慢或多远。
>
> ——亨利·大卫·梭罗

在上面这句话中，梭罗非常睿智地说明了，人们需要被允许甚至被鼓励去有意识地做出他们的选择，刻意地规划自己的命运，在生活中按照自己的旋律前进。隐藏的意思就是，这个世界因为有着那些听到并按照不同的鼓声前进的人，才变得更美好。事实也确实如此。

梭罗还写道："大多数人都活在悄无声息的绝望中。"但是，你可能已经注意到，如今的人们不是那样悄无声息了。他们常常认为自己是受害者，有权过上更好的生活。他们没有为自己制造出来的生活承担责任，还经常抱怨世界对自己如何不公平。梭罗观察到，很多人活在不如意、低成就中，因为他们在按别人的鼓声前进，而不是按自己的鼓声前进。这常常表现为，他们使自己陷入了单调的工作模式，为实现他人的梦想而工作，而不是自己的梦想。

自我沟通范例：在下面例子中，一个人让自己成了达成父亲梦想的奴隶，而没有按照自己的鼓声来生活。自我沟通方法十八可以帮助处境相同的人们，帮助他们打破让他们陷入这种境地的思维和行为的束缚。它可以帮助你为自己思考，并做出相应行动。

查德年近四十，对自己的职业感到失望。他父亲是一名会计师，想让他继承自己的事业，所以让他上大学学会计。他父亲有自己的会计事务所。查德22岁大学毕业后，一直在父亲的公司工作。但问题是，查德早晨越来越难起床上班。他发现会计职业无聊繁琐。他想建立自己的事业，但鼓不起勇气开始。

自我沟通方法十八——建立自己的生意

问："查德，你对自己的职业不满意，是吧？"

答："是的，非常不满意。"

问："你真真正正想做的是什么呢？"

答:"我想要财务自由,想要有更多时间做自己想做的事情。"

问:"是什么阻碍你呢?是缺钱吗?"

答:"不是。实际上,杰夫邀请我,让我跟他合作建立生意。他对那个生意非常有激情。"

问:"查德,再问你一次,是什么阻挡着你?"

答:"唔,我怕辜负父亲的期望。他还指望着我呢。"

问:"看来,你需要一边做好自己现在的工作,一边建立自己的生意,是不是?"

答:"是的。我没有其他办法了。即使我能辞职,杰夫也不建议那样做。"

问:"你有没有想过,你父亲可能对会计事务所的事情疲惫不堪,也想和你一起建立生意呢?"

答:"想起来了。父亲对自己的生意抱怨越来越厉害了。实际上,他最近有点不耐烦了。这不像是他。也许他现在愿意改变了。"

问:"还有什么其他阻碍吗?"

答:"没了。"

问:"太好了。那你还不快去做。"

答:"好。谢谢!"

——自我沟通方法十八(完)

你可以利用自我沟通这一工具，谱写你的"人生交响乐"。自我沟通能更好地让你成为自己的鼓手，让你按照自己的节奏向前迈进。除了刚刚介绍的方法外，你还可以利用不同的方法谱写自己的旋律。本书没有涵盖自我沟通的所有可能性和潜力，但是它为你提供了一个很好的起步点。

随着你在生活中越来越多地使用自我沟通，你肯定会想出独特的技巧。跟随不同的鼓声吧。开始大声对自己说话，运用自我沟通，按照自己的调子前进。跟随自己的梦想，你就能去到任何你想去的地方……

谁在乎别人怎么想啊？他们又不会替我付账，也不知道我心中的梦想和目标如何。

做不同的事情，对我来说不仅正确，还是必要的。所以不管别人怎么想，我都会做下去。

——比尔·韦恩

第 17 章

勇攀巅峰

希望你通过自我沟通取得成功

> 阶梯永远不是用来休息的，而是让人们的脚放足够长时间，让他可以向更高一级迈进。
>
> ——托马斯·亨利·赫胥黎（英国博物学家）

几十年前，我读高三时，参加了一次竞争大学奖学金的考试。考试花了整整一天时间，共有大概 300 名学生参加考试。第一名会获得俄亥俄博林格林大学四年全额奖学金。第二到第十名仅获得一张荣誉提名证书，但没有奖学金。未进入前十名的人没有任何奖励。

考卷上有一道题，是非常长的三段式议论文性质的问题。我们必须回答：1) 选文摘自什么著作；2) 该著作的作者姓名；3) 解释选文中的"Grates me; the sum"。这些问题必须

第 17 章 勇攀巅峰

全部回答正确才能得分，有一个问题答错，也被视为全错。这三个问题一个也不能错。

我不知道准确答案是什么。我感觉似乎是莎士比亚写的。但我不知道文章出自他的哪部作品，也不知道这句话是什么意思。所以我只能猜，就写上了，"出自莎士比亚的《凯撒大帝》"。我认为那句话的意思是"把消息给我概括一下"。

遗憾的是，我答错了。我甚至不知道，是不是部分错，还是全部错。我仅仅拿到了荣誉提名证书。我对自己不知道正确答案深感愤怒，就把这个证书扔到了一边。那时我还年轻，还不懂，即使付出了最大努力，也不一定能百分百地得到自己想要的东西。

从那时起，"Grates me; the sum"到底什么意思，就一直让我耿耿于怀。如果我回答正确了，是不是就能拿到奖学金了？谁知道呢？这句话到底是什么意思？它让我魂牵梦绕，我总是想在演讲和写作中引用它。但是我一直不知道它的意思，也就没有引用。所以，我时不时利用自我沟通去寻找答案。

终于，1998 年 11 月 3 日，奖学金考试 50 年后，我终于找到了正确答案。这句话出自莎士比亚 1607 年创作的戏剧《安东尼与克莉奥佩特拉》，是第一幕第一场中安东尼在亚历山大城克莉奥佩特拉的宫殿中说的话。在剧中，安东尼和克莉奥佩特拉正在谈话，一名侍卫走进来说道："禀告将军，罗马有信。"安东尼回答道："Grates me; the sum"这句话的意思是："讨厌！简简单单告诉我什么事。"

我多年前的猜测对了一大半。如果我猜的是《安东尼与克莉奥佩特拉》，而不是《凯撒大帝》，就能在这道题上拿到分数，甚至还会拿到奖学金！谁也不知道那会是什么样子。但是管他呢。这无关紧要了。高中毕业后不久，我就加入了空军，后来进入企业做管理工作，然后又成了一名职业作家。

为什么我又重新提起"Grates me; the sum"这个插曲呢？可能在你看来，这只不过是一时无聊的想法。但真是如此吗？你再想想。我是在探索未知事物。通过这样做，我感觉更好了。最重要的是，我终于找到了自己一直探求的答案。我从未放弃，坚持探索，并最终取得了胜利。你也做得到！

很多人害怕探索新的成长可能性，因为他们害怕做新的事情，不明白成长的潜在收益。所以他们常常过着单调、毫无成就感的生活。你呢？你是否害怕做一些不同的事情，以便得到你想要的结果？很多人都喜欢墨守成规，不允许自己说："谁在乎别人怎么想啊？他们又不会替我付账，也不知道我心中的梦想和目标如何。做不同的事情，对我来说不仅正确，还是必要的。所以不管别人怎么想，我都会做下去。"

如果你对自我沟通抱有这种态度，会怎么样呢？你也许不太了解自我沟通是如何发挥作用，为什么会发生作用。不过这没关系。难道它不值得你试一试吗？为什么不试试呢？抛弃那些稳妥为上、墨守成规的态度吧！你也许在人生中第一次体验到无拘无束、做自己想做的事情的感觉。利用自我沟通大声对自己说话，你会对自己、以及对你想做的事情感觉更好的。这

第 17 章　勇攀巅峰

是一种突破束缚的感受，给你带来全新的自由感。

我认为自己多多少少是自我沟通方面的专家。但是，坦率来说，我还未完全理解自我沟通的所有方面。我只是做了这件事情，它还发挥了作用。我很开心，我的生活越来越好，蒸蒸日上。

作为人，我们都有多面性。我们的天性包含很多方面。我们有情感、有理性、既和别人打交道，又和自己打交道，有志向、有希望、追求目标、自我欣赏。我们还有很多矛盾的特点，以及其他组成部分，多得无法一一提到。本书广泛地介绍了各种方法，用以应对我们在生活中遇到的不同程度的挑战。

我还未涵盖一个重要方面，就是领导力。领导力是什么呢？领导人是什么呢？领导力的概念如此多样，而一个好的自我沟通，可以让你根据自己对领导力的理解，进行调整。

在我的词典中，领导人和领导力这两个词条，一共有 29 种解释。而一个朋友告诉我，他那本未经删节的字典中，领导力居然有 56 种解释！我听到一位政治家宣称，领导人就是一个能察觉人们走向哪里、马上赶过去、走在人群面前的人。多年前，我上过一堂管理培训课，讲师说，领导人是一个研究所有现存的可用来应对挑战、并为人们选择最好方法的人。这两种解释都收录在我的字典中，但是我个人并不认同这两种解释。我认为，领导人要探索人们未曾达到过的地方，为他人留下可以追随的足迹，并帮助他人取得成功。毫无疑问，在社会的各个阶层，这个世界都需要更多优秀的领导人。

如果你渴望成为领导人，可以利用前面学到的自我沟通，创造适合自己的方法，去追求自己向往的领导力角色。问自己足够多的问题，直到想出自己的最好答案为止。以下可以激发你成为领导人的灵感：

自我沟通方法十九——成为领导人

问："我为什么想成为领导人呢？"

答："唔，非常坦率地说，领导人挣钱通常比较多，尤其在商界是这样。"

问："你不觉得这一点令你不舒服吗？"

答："我过去认为钱多是错的，但现在我却不太确定了。"

问："为什么会不太确定？"

答："钱不是万恶之源吗？"

问："不对，对金钱的痴迷才是万恶之源。钱不过是一种交易工具。它可以用来建教会，建学校，买食物，买衣服，买房子。心地不善的人用钱来做坏事，心地善良的人用钱来做好事。有人说金钱是万恶之源，因为他们要用这个借口抱着一成不变的生活、毫不进取而开脱。金钱也不是奢侈品。它和氧气一样，是必需品。"

答："我必须承认，在我过去大部分经历中，我都是保持现状，毫不进取。我认为我更多是跟随者，而不是领导者。我心中有个声音说，如果我成为领导人，开始赚很多钱，我就会变成物质主义者。"

问："很多人只有上了年纪、或更明智之后，才真正获得成功，才获得发展动势，成长为领导人。你或许需要在年轻时不断成长，让自己去到这个转折点。你怎么想呢？你能成为所谓大器晚成的人吗？"

答："我想可以。但是这种物质主义仍让我不舒服。"

问："我理解。你有没有注意到，那些最看重物质的人，其实是没有多少钱的人？他们如此努力装点门面，好像是有钱人似的，却几乎被贷款利息和信用卡费用所淹没。结果，他们越来越穷。这些人通常都是追随者，而不是领导者。你知道山姆·沃尔顿吧？他是沃尔玛超市和山姆会员店的创始人，却一直开着一辆老爷小货车。他是一个卓越领导人，非常有钱，但是他并不是物质主义者。你也不会的。去吧，展翅翱翔，学习成为一名领导人吧。只要你觉得有必要，我们随时再谈。"

答："好的，谢谢！我要鼓起勇气，开始奋斗了。"

——自我沟通方法十九（完）

我希望本书对所有读者都有帮助。我希望，你能足够熟练掌握自我沟通，以便能设计出你自己的方式，应用在本书没有提到的其他情况中。我希望，你为了自己，敞开思维，每天自我沟通。这样，你就可以攀登成功和富足的巅峰，同时带领一些人和你一起，他们看到你的人生发生精彩变化，愿意一同奔向成功。

现在你可以停止自我对话，放下这件事情，整理信心，向前迈进，让事情发生。

——比尔·韦恩

第 18 章

何时停止说话
何时停止自我沟通,休息一下

>　　成功的第一条法则……是集中注意力。
>　　把所有能量都聚焦到一点上,专注!然后直接走向这一点,不要左顾右盼。
>　　　　　　——威廉·马修斯(加州牧师,歌唱家)

　　前面十七个章节,我都在鼓励你用嘴巴做练习——说话、说话、不停地大声跟自己说话。但是,关于某一话题,你要永远不停地说下去吗?没必要。你是否要持续不断地就同一个话题和自己谈话,直到取得百分百的预期结果吗?没必要。在某个时候,你可以不再说下去,在本章,我要告诉你,何时停止自我对话,以及为什么。这跟注意力法则有关,这个法则说:

发生在你身上的任何事情，你遇到的任何事情，你周围的任何事情，都要根据你的注意力来排序。你所专注的任何事情，都会发生，谁也阻止不了。如果你不专注于自己想要的事情，你就无法得到它。

注意力法则是一个简单纯粹的真理：你不断灌输给大脑的事情，最终会成为现实——只要你把这些想法付诸行动。反过来讲，没有输入，就没有输出。不冒风险，就没有成功。自我沟通的整个目的是，帮助你根据自己在不同的情形中、想要什么，来给自己的潜意识编程。一旦想法在潜意识里扎下根来，就没必要再编写同样的程序了，因为你的大脑已经吸收了它。然后，你就可以指望它在正确的时候、用正确的方式，使事情发生，为你带来最大好处。一旦你的情形，已经通过自我沟通，把正确想法深深植入潜意识中，你的思维和行为方式已经改变，就可以停下来，去到另外的事情上。

有时候，你只要进行一次自我沟通，你就会立刻看到效果。第十一章摆脱挫折感的例子，就属于这种情况。你也许遭受某种挫折，但只要一次充满激情的自我沟通，你就扭转了态度，消除挫折感引起的负面影响。注意，当你的自我沟通充满激情，你就能创造更快、更强烈地影响潜意识，更快地收到更好的效果。情感对潜意识的影响最为有力。

有时，你也许需要较长时间的自我沟通，才能有效地对潜意识进行编程。第五章中戒烟的例子就属于这种情况。吸烟习惯已经在你的潜意识中产生了深远影响。因此，你需要多花些时间，坚持不懈，才能重新给自己编程，把烟戒掉。

但是，你不必在取得百分百预期结果后，才停止自我沟通。你可能只需要在某一方面取得一些进展。一旦你感觉到你已经足够给潜意识编程，你对自己的进步满意，你就可以停止就这个问题进行自我对话。

有时候，你如此快地得到结果，你知道你已经成功地对潜意识进行了编程。这时，就可以停止自我沟通！但是，如果结果未能很快出现呢？如果你感觉到你对潜意识的编程没有完成，你知道自己走在正轨上，就继续自我沟通，直到获得满意结果为止。

多年来，我每天都对潜意识进行编程，想让自己成为一名成功的作家。我对自己能否写作、是否应该写作，心里完全没有底。但这是我想做的事情，所以我就把自我沟通用在这里。有一天，我心里突然平静而自信地意识到，我的潜意识程序已经被彻底改写，让我成为作家。在那个时候，也不知道可以写什么。但是，我从心底里知道，它是会发生的。我立刻停止这方面的自我沟通，因为，它已经在我的大脑中，是会发生的。它一定会发生，因为它符合注意力法则。所以我放松下来，放下作家的念头，去忙其他事情。

我停止自我沟通，放松下来后不久，事情就开始很快发生。不到两周，一本书的完整构想就出现在我大脑中。我坐在电脑前，开始写作。词语在我脑海里跳跃，快得几乎来不及打下来。在 30 天内，我就写完了整份草稿；这个时候，第二本书的构想又出现在我脑海中。"突然之间"，我就跑步成为一名作家，因为，它已经深深扎根在我的大脑中。

在某个时候，你可以停止自我对话，放下这件事情，整理信心，向前迈进，让事情发生。你会知道，什么时候可以停止自我沟通，以及为什么。现在，轮到我停止说话，轮到你开始自我沟通，创造更多的成功习惯了。正如已故美国大主教富尔顿·申所说：

> 习惯的巨大优势在于，它节省我们的很多关注、精力和繁重的脑力劳动。